Die deutsche Auswanderung.

Von

Emil Lehmann.

Berlin.
Verlag von Georg Reimer.
1861.

Vorwort.

Die massenhafte Auswanderung aus Deutschland, wie sie in den letzten Jahrzehnten stattgefunden hat, ist eine Erscheinung, die in mehr als Einer Hinsicht Anspruch auf das allgemeine Interesse der Nation hat. Das Schicksal von Millionen, die ihrem Vaterlande freiwillig für immer den Rücken kehren, die Ursachen, die sie zu diesem Entschluß bewegen, die Mittel, auf diesen Entschluß, zurückhaltend oder leitend, einzuwirken, der Einfluß, den der Menschenverlust auf die im Vaterland Zurückgebliebenen übt — das Alles sind Fragen, die wohl einer ernsten Prüfung werth erscheinen. Gleichwohl beschränkt sich die Theilnahme gerade der Gebildeten der Nation im Allgemeinen auf einen wehmüthigen Antheil an dem Loose derjenigen, die ihnen gelegentlich, vielleicht bei einer Begegnung auf Landstraßen, Flüssen, Eisenbahnen oder in den Straßen einer Hafenstadt, die menschliche Bedeutung des großen Schrittes, das Vaterland für immer zu verlassen, unmittelbar vor die Augen führen. Im Sinne solcher Empfindungen hat sich die belletristische Literatur hie und da der Auswanderung bemächtigt, und das „traurige Loos" des Auswanderers zum Gegenstand ihrer Productionen gemacht. Zu einer ernsteren Betrachtung des so wichtigen Gegenstandes hat die deutsche Literatur bis jetzt nur selten und sehr vereinzelte Anregung geboten. Die eigentliche Auswanderungsliteratur ist für ein nicht speciell und persönlich bei der Frage interessirtes Publicum ungenießbar. Eine Fluth von Schriften, die, der Form nach meistens den bescheidensten Ansprüchen nicht genügend, Rathschläge und Warnungen für Auswanderer enthalten, das Schicksal Ausgewanderter, oder die Darstellung einzelner für die Auswanderung wichtiger Länder zum Gegenstand haben, letztere der Mehrzahl nach im Interesse einer bestimmten Kolonisationsunternehmung geschrieben: — das ist die Auswanderungsliteratur, wie sie überdies fast nur den geschäftlich Betheiligten oder dem Auswanderer selbst zu Gesicht kommt. In einer anziehenden und geistreichen Form, vom Standpunkt des denkenden Forschers und des theilnehmenden Menschenfreundes sind jene Fragen nur in einigen wenigen, den letzten Jahren angehörenden Werken, namentlich von Roscher, Julius Fröbel und Avé-Lallemant, die wie fruchtbare Eilande aus dem Meer von untergeordneten Schriften hervorragen, theilweise zur Sprache gebracht worden.

Die vorstehenden Betrachtungen in Verbindung mit den, durch einen der Bundesversammlung am 1. Juli 1858 über die Auswanderungsangelegenheit erstatteten Bericht, rege gemachten Besorgnissen veranlaßten mich damals, einer Aufforderung des Herausgebers der „Preußischen Jahrbücher" entsprechend, die gesammte deutsche Auswanderung, von ihren Anfängen bis zu ihrer neuesten Entwicklung, zum Gegenstand einer Arbeit zu machen, die ich im Folgenden dem größeren Publicum übergebe.

Alle bei der Auswanderung in Betracht kommenden Fragen

werden von der einen beherrscht, ob die Auswanderung nach bestimmten Zielen geleitet werden kann und soll, oder ob sie sich selbst überlassen werden soll und muß. Die Beantwortung dieser Frage bildet die Hauptaufgabe der folgenden Blätter. Der 1856 niedergesetzte Bundesausschuß hatte in seinem oben erwähnten Bericht neben einer Reihe die Auswanderung beschränkender und hemmender Maßregeln, die Hinlenkung derselben nach bestimmten Gegenden im Interesse der Bewahrung der Nationalität in Aussicht genommen. Ich mache den Versuch, den wesentlich auf die bisherige Geschichte der Auswanderung gestützten Nachweis zu führen, daß alle Bemühungen, sei es die Auswanderungslustigen der Heimath zu erhalten, sei es ihnen eine neue Heimath anzuweisen, weder räthlich noch ausführbar sind.

Die Angelegenheit scheint im Schooße des Bundestags zwar für den Augenblick zu ruhen. Seitdem sämmtliche deutsche Regierungen sich bis zum Juli v. J. über die Ausschußanträge, zum Theil ablehnend, am Bundestag haben vernehmen lassen, hat sich derselbe noch nicht wieder mit dieser Frage beschäftigt. Der Ausschuß hat sich des ihm am 23. December 1858 ertheilten Auftrags, auf Grund jener Abstimmungen einen neuen Bericht zu erstatten, noch nicht entledigt. Aber in ruhigeren Zeiten wird sich die jetzt anderweitig in Anspruch genommene Aufmerksamkeit der deutschen Regierungen ohne Zweifel auch dieser wichtigen Angelegenheit wieder zuwenden, wird die Aufforderung, sich über alle mit der Auswanderung zusammenhängenden Fragen klar zu machen, an Alle, die Beruf oder Neigung zu einer ernsten Beschäftigung mit vaterländischen Dingen drängen, wieder herantreten. Wenn es der vorliegenden kleinen Schrift gelingen sollte, zu einer eingehenden Erörterung jener Fragen eine Anregung geboten, zu ihrer Lösung ein nicht unwillkommenes Material geboten zu haben, so würde ihr Zweck erfüllt sein.

Dem Herrn Verleger bin ich für die gütigst ertheilte Erlaubniß, die in den „Preußischen Jahrbüchern" (Jahrg. 1858, October, November, December) vor zwei Jahren veröffentlichte Arbeit schon jetzt wieder herauszugeben, zu besonderem Danke verpflichtet. Ich übergebe sie dem Publicum im Wesentlichen unverändert. Nur die auf dem Gebiet der Auswanderung in den letzten beiden Jahren hinzugekommenen thatsächlichen Momente habe ich überall an ihrer Stelle nachgetragen. Die damals aufgestellten Gesichtspunkte für die Beurtheilung der ganzen Frage aber scheinen mir noch heute die maßgebenden zu sein. —

Hamburg, den 20. November 1860.

E. L.

I.

Das Schicksal der modernen deutschen Auswanderung — mit der wir uns hier allein zu beschäftigen haben — wurde wesentlich im sechszehnten und siebzehnten Jahrhundert entschieden. Das deutsche Volk war bei der Theilung der neuen Welt zu spät erschienen. Während Spanier und Portugiesen, Engländer, Franzosen und Holländer in America, in West- und Ostindien Fuß faßten, vermochten die Deutschen auch nicht das kleinste Fleckchen fremder Erde dauernd zu kolonisiren. Einzelne im achtzehnten Jahrhundert von Oesterreich und Preußen gemachte Versuche deutscher Kolonialunternehmungen mißglückten. Die deutschen Auswanderer waren daher von Anfang an bis heute darauf angewiesen, sich eine neue Heimath in Ländern zu suchen, die unter fremder Botmäßigkeit standen und stehen. Wiederholt sind sie bei der Gründung neuer Staaten von den fremden Gründern ganz vorzugsweise als besonders brauchbares Material verwendet worden: einen selbstständig deutschen Staat zu gründen ist ihnen niemals vergönnt gewesen. An Versuchen hat es auch hier nicht gefehlt; unzählige Male haben, in früherer Zeit religiöse, in neuerer und neuester Zeit politische und ökonomische Motive zu deutschen Kolonisationsunternehmungen geführt: — sie sind, sofern es dabei auf größere, dauernde Gründungen abgesehen war, sämmtlich, und zwar hauptsächlich an dem Mangel eines vom Mutterlande gewährten staatlichen Schutzes, gescheitert. Gleichwohl lohnt es der Mühe, einige dieser Unternehmungen etwas näher in's Auge zu fassen, wäre es auch nur, um dadurch neue Belege für die nicht neue Wahrnehmung zu gewinnen, wie viele vortreffliche und gesunde Elemente jederzeit von Deutschland ausgegangen sind, deren rechtzeitige und richtige Leitung von den fruchtbarsten Folgen für das Vaterland hätte sein müssen, die aber, sich selbst überlassen, demselben unwiederbringlich verloren gehen mußten.

Die deutsche Auswanderung im siebzehnten und achtzehnten Jahrhundert ist weitaus zum größten Theil auf religiöse Motive zurückzuführen. Wenigstens alle größeren in diesem Zeitraum von Deutschland ausgegangenen Unternehmungen gemeinschaftlicher Auswanderung waren durch kirchliche Verfolgung veranlaßt. Daß solche Motive die geeignetsten waren, diesen Unternehmungen einen dauernden Halt zu geben, daß die von religiösen Gemeinschaften gegründeten Kolonien und kirchlichen Gemeinden in America oft überraschend gediehen, und längere Zeit sogar die Gewähr für eine dauernde Erhaltung deutscher Nationalität in fremden Landen zu bieten schienen, ist bezeichnend für den deutschen Nationalcharakter, der sich zu allen Zeiten, wenn durch irgend etwas, durch religiöse Fragen zur Entäußerung seines Isolirtriebs, zum einmüthigen Zusammenhalten mit Gleichgesinnten hat bestimmen lassen.

Einzelnen deutschen Auswanderern begegnen wir schon 1608 in Nordamerica bei der Besiedelung Virginiens. In größerer Anzahl aber siedelten sich Deutsche zuerst unter holländischer Herrschaft im zweiten Drittel des siebzehnten Jahrhunderts auf Long-Island und dem Lande am unteren Hudson, den heutigen Staaten New-York und New-Jersey an.*) — Nächst den Holländern waren es die Schweden, unter deren Leitung deutsche Auswanderer nach Nordamerica gelangten. Gustav Adolph hatte eine Gothenburger Compagnie auf zwölf Jahre zum Alleinhandel mit Africa, Asien und America privilegirt, hatte sich selbst als Actionair mit einem Capital von 400,000 Thalern bei diesem Unternehmen betheiligt, und ganz Europa zur Subscription eingeladen; die Compagnie ward bevollmächtigt, wo es ihr gutdünke, Kolonialstaaten zu begründen, die den Ansiedlern aller Nationen geöffnet, eine „Zufluchtsstätte aller Verfolgten", ein „Segen für den gemeinen Mann", ein „Vortheil für die protestantische Welt, für das ganze unterdrückte Christenthum" werden sollten. In der Ausführung schrumpften denn freilich diese hochfliegenden Pläne des Schwedenkönigs gewaltig

*) Das Beste, was wir über die frühere Einwanderung der Deutschen in den Vereinigten Staaten besitzen, verdanken wir Löher in seiner „Geschichte und Zustände der Deutschen in America." 2. Ausgabe. Göttingen 1855. Ihm sind wir in diesem Theil unserer Darstellung gefolgt. Auf ihn stützt sich auch Handelmann, in seiner sehr fleißig gearbeiteten „Geschichte der Vereinigten Staaten." Kiel 1856 Eine seit längerer Zeit angekündigte Geschichte der deutschen Auswanderung nach den Vereinigten Staaten von Friedrich Kapp in New-York ist bis jetzt noch nicht erschienen.

zusammen. So lange er lebte, wurde nichts daraus; erst Oxenstierna nahm den Plan wieder auf, machte aus der schwedischen eine schwedisch-deutsche Südcompagnie, ließ derselben (1634) von den Ständen der vier oberdeutschen Kreise die Sanction ertheilen und wiederholte (1633) die schon früher ergangenen Einladungen an das deutsche Volk. Aber erst mehrere Jahre später (1637) segelten zwei kleine Fahrzeuge mit einer Anzahl schwedischer Kolonisten von Gothenburg ab, denen später noch ein paar andere theilweise aus Deutschen bestehende Zuzüge folgten, mit denen gemeinschaftlich sie auf dem Boden des jetzigen Staats Delaware die schwedisch-lutherische Kolonie Neu Schweden gründeten. Wenn man einer noch vor wenigen Jahren bei alten Pennsylvanier-Deutschen verbreiteten Ueberlieferung Glauben schenken darf, so war in diesem schwedischen Pflanzstaat die deutsche Sprache die herrschende in den Gerichten, und namentlich bei den Unterhandlungen mit den Holländern, welche Unterhandlungen freilich bald genug zu dem völligen Untergang der von den englischen und holländischen Nachbarn niemals anerkannten Kolonie führten. Im Jahre 1655 bemächtigte sich der Gouverneur von Neu-Amsterdam, Stuivesant, bei Gelegenheit eines Grenzstreits, fast ohne Schwertschlag der ganzen Landschaft.

Aber auch die Stunde der holländischen Niederlassungen sollte bald schlagen. Durch die Friedensschlüsse zu Breda (31. Juli 1667) und Westminster (19. Februar 1674) gingen dieselben völlig in britischen Besitz über. Die nach dieser Zeit nach Nordamerica kommenden deutschen Auswanderer fanden den ganzen Küstenstrich von Neu-Braunschweig bis Florida den Engländern unterthan. In zwiefacher Beziehung indeß trug die Ausbreitung der englischen Herrschaft in America, die im Verlauf der Zeiten zu einer so gründlichen Absorption des deutschen Elements führen sollte, zunächst zur Ermunterung und zu einer selbstständigeren Gestaltung der deutschen Auswanderung bei. Der Herzog von York (nachmalige Jacob II.), welcher von Karl II. die niederländischen Besitzungen zu Lehen erhalten hatte, bewilligte den Lutheranern, was ihnen die calvinistischen Holländer verweigert hatten, volle politische Gleichstellung und das Recht des öffentlichen Gottesdienstes, ein Recht, das deutschen Auswanderern, die religiöser Verfolgungen wegen ihr Vaterland mit der neuen Welt vertauschen wollten, unschätzbar erscheinen mußte. Von der größten Bedeutung für die deutsche Auswanderung war aber die Gründung eines neuen, die vollste Glaubensfreiheit und Gleichberechtigung aller Bewohner gewährenden Staats durch William Penn, dessen Bemühungen, Deutsche für die Uebersiedelung nach

Pennsylvanien zu gewinnen, um so erfolgreicher waren, als dieselben eben mit den Verfolgungen der Mennoniten in Europa zusammentrafen. Von Ostfriesland und Holstein aus, wo ihr erster Sitz gewesen war, hatten sich die Mennoniten nach dem Tode ihres Stifters (1566) nach Dänemark, Deutschland, den Niederlanden und der Schweiz verbreitet. Seit 1650 in Bern und Zürich auf das Aergste verfolgt, flüchteten sie 1671 und in den folgenden Jahren nach dem Elsaß, der Pfalz und dem Rheingau. Hier war es, wo bald darauf Penn auf seiner deutschen Reise (1677—1678) Anhänger für das Quäkerthum zu gewinnen suchte und die ersten Verbindungen mit Deutschland anknüpfte. Als ihm daher 1681 Jacob II. die Landstriche am Delaware zu erblichem Lehenseigenthum überwies und Penn sich nach Ansiedlern für seine „freie Kolonie, welche er für die ganze Menschheit gründete“, umsah, fand er bei den ihm zum Theil persönlich bekannten Mennoniten für seine Aufforderungen und Anerbietungen, die er durch Briefe und Abgesandte an sie gelangen ließ, geneigtes Gehör. Schon auf dem ersten Pennsylvanischen Landtag zu Chester (4. December 1682) sicherte er den Deutschen, wie den Niederländern und Schweden das Vollbürgerrecht zu, nachdem bereits gegen dreißig Schiffe, meist von England, Ansiedler nach Pennsylvanien gebracht hatten. Weitere fünfzig Schiffe mit Ansiedlern aus England, Irland, Wales, Holland und Deutschland, aus letzterem Lande auch niederdeutsche Quäker aus dem Cleve'schen, trafen in den beiden folgenden Jahren ein. Deutsche und holländische Mennoniten erschienen in großer Anzahl, nachdem sie sich in Frankfurt am Main (1682) zu einer unter dem Namen der Frankfurter Landcompagnie gegründeten Ansiedlungsgesellschaft vereinigt hatten. Der Leiter des Unternehmens war Franz Daniel Pastorius, Dr. der Rechte, aus Sommershausen in Brandenburgisch-Franken gebürtig, ein auf deutschen Universitäten gebildeter, nach Penn's Urtheil, „ernster, gerechter, kluger und frommer Mann.“ Auf dem durch zwei Verträge von ihm erworbenen, ausgedehnten Gebiet, an den Ufern des Flusses Schuylkill legte er am 24. October 1685 den Grund zu der Stadt Germantown, welche sich nach dem Muster deutscher Freistädte organisirte und im Jahre 1689 von der gesetzgebenden Versammlung incorporirt wurde. Zu einer wirklichen Bedeutung ließ freilich schon der einer stillen Beschaulichkeit zugewandte Sinn der mennonitischen Bewohner das Städtchen niemals kommen; doch blieb es eine Zeitlang der Sammelplatz der deutschen Auswanderung, die sich von hier aus über das ganze Land zerstreute. Das eigentliche Mutterland der Mennoniten in America wurde aber der Lancaster-Bezirk in Pennsylvanien, in dem sich in den Jahren 1711, 1717 und 1727 und den nächstfolgenden eine große Menge schweizerischer und oberdeutscher Mennoniten angesiedelt hatte.

Zu dauernden Ansiedlungen vereinigten sich auch, wenigstens theilweise, die Ueberreste einer großen im Ganzen kläglich gescheiterten Auswanderungsunternehmung, zu der eine im Jahre 1708 von der Königin Anna von England erlassene Aufforderung die Veranlassung gegeben hatte. Das sehr günstig formulirte Anerbieten mußte einer Bevölkerung, welche von den durch die Franzosen in der Pfalz und den andern deutsch-französischen Grenzlanden angerichteten Verwüstungen schon in die äußerste Bedrängniß versetzt, durch einen beispiellos strengen Winter (1708—9) dem sicheren Hungertode preisgegeben und zur Verzweiflung gebracht war, als eine Rettung aus der bittersten Noth erscheinen. Viele Tausende zogen den Rhein hinunter, bis ihrer endlich mehr als dreißig Tausend auf Blackheath bei London versammelt waren, und leider bald genug inne wurden, daß sie nur den Schauplatz ihres Elends gewechselt hatten. Die englische Regierung war auf einen so ungeheuern Erfolg ihres Unternehmens nicht vorbereitet, es fehlte an den nothdürftigsten Vorkehrungen zur Ueberbringung solcher Massen, die sich nun genöthigt sahen, ihr Leben durch bettelndes Umherstreifen zu fristen. Als endlich beim Herannahen des Winters die Regierung vom Parlament aufgefordert wurde, ernste Maßregeln zu ergreifen, um das Land von den hülflosen Fremden zu befreien, wurden zunächst die sämmtlichen Katholiken unter denselben, die schon von den Verfolgungen des Pöbels zu leiden gehabt hatten, 3584 an der Zahl, auf ein paar Fahrzeuge geladen und nach Holland und den Hansestädten zurückgebracht. Ihnen folgten bald auch viele Protestanten. Denn eine Gesammtübersiedelung so beträchtlicher Massen schien der für den Bestand ihrer Kolonien besorgten Regierung bedenklich. Es wurden daher zunächst mehrere Tausende theils zum Anbau der Scilly-Inseln bei Cornwallis, theils in Sunderland (Nordengland) beim Bergbau verwendet. Bald jedoch von den Landesbewohnern vertrieben, wurden auch diese Unglücklichen, über 7000 an der Zahl, wieder eingeschifft und rath- und hülflos an der holländisch-deutschen Küste ausgesetzt. Andere wurden nach dem südwestlichen Irland, Provinz Munster gebracht, wo ihre Nachkommen noch heute unter dem Namen der Palatines existiren sollen. Von den Uebrigen etwa 21,000, wurde nahezu die Hälfte im Sommer 1710 nach America gebracht und durch alle Provinzen zerstreut. Mehr als 5000 endlich nahm der neuernannte Statthalter Hunter mit sich, als er im Frühjahr jenes Jahres nach New-York abging. Ein Theil derselben fand in der Stadt als Handwerker Beschäftigung, Andere brachte man an den oberen Hudson, wo sie auf jeder Seite des Stromes drei Dörfer anlegten, an die sich bald eine Reihe von deutschen Ansiedlungen anschloß, die, jenseits der Hochlande des Hudson beginnend, sich durch die Jagdgründe der Indianer bis zu den Seen erstreckten. Die Meisten der in New-York Angesiedelten verließen aber im Jahre 1723 diesen Staat, wo sie sich durch die mannichfachsten Plackereien wieder in den Zustand deutscher Frohnbauern versetzt fanden, und siedelten sich, einer Einladung des damaligen Statthalters von Pennsylvanien, William Keith, folgend, mitten unter den Indianern am Susquehannah an. Hier endlich ging es ihnen dauernd wohl, sie waren die ersten jener unter dem Namen der „Pennsylvanier-Deutschen" bekannten Klasse deutscher Einwanderer, deren Nachkommen noch heute ein zähes Festhalten an der, jetzt freilich zur Carricatur gewordenen, Weise ihrer Vorfahren charakterisirt. New-York kam aber in Folge der erwähnten Vorgänge bei der deutschen Einwanderung förmlich in Verruf; Jahrzehnte lang verließen die im Hafen von New-York Angekommenen so rasch wie möglich das verhaßte Land, um nach Pennsylvanien zu eilen. Vorübergehend verscheuchte auch dieses durch eine im Jahre 1729 eingeführte Einzugssteuer von 5 sh. per Kopf die deutschen Einwanderer, die dann kurze Zeit, bis zur Wiederaufhebung jener Steuer, New-Jersey und Südcarolina bevorzugten. — Andere Ueberreste der unglücklichen Expedition des Jahres 1709 siedelten sich in Virginien und beiden Carolina's an. In Virginien gründeten sie die Stadt Germania, legten sich auf den Weinbau und zogen viele Deutsche nach sich, die sich theils am Rapahannok, theils im südlichen Virginien niederließen. In Nordcarolina fanden Schweizer, und unter ihnen wieder großentheils Mennoniten, eine neue Heimath.

Um dieselbe Zeit fällt auch eine andere Unternehmung, die, gleich der vorigen, verfehlt und verunglückt, doch zu einer erwähnungswerthen deutschen Ansiedlung Veranlassung gab. Von Law, dem genialen Vorbild aller modernen Actienschwindler, bestimmt, zugleich mit öffentlichen Dirnen und Vagabunden aller Art*) Louisiana zu bevölkern und zu bebauen, um das Land in Flor und die Actien der Mississippi-Compagnie in die Höhe zu bringen, wurden 2000 in der Pfalz, der Schweiz, dem Elsaß und Würtemberg angeworbene Deutsche in Brest eingeschifft und

*) Thiers, Histoire de Law. p. 51..52. Horn, Jean Law. S. 195ff.

an der Mississippi-Mündung an's Land geworfen, wo sie von bösartigen Klima- und Sumpffiebern schnell massenhaft hinweggerafft wurden. Die Uebrigbleibenden aber gründeten in Attakapas, New-Orleans gegenüber, im Bezirk St. Charles am „Lac Allemand" Niederlassungen, die sich bald durch Wohlhabenheit auszeichneten und ihren deutschen Charakter noch lange bewahrt haben.

Die Zahl der kirchlichen Gemeinden und zum Theil von den wunderlichsten religiösen Vorstellungen beherrschten Secten, die vom Ende des siebzehnten bis über die Hälfte des achtzehnten Jahrhunderts hinaus aus Deutschland auswanderten und sich mit sehr verschiedenem Erfolg in America niederließen, ist zu groß, ihre Schicksale im Ganzen zu gleichförmig, als daß eine Aufzählung aller dieser Unternehmungen für unsern Zweck erforderlich wäre. Wir beschränken uns darauf, noch einige der bemerkenswerthesten hervorzuheben.

Schon lange vor der Unabhängigkeitserklärung waren die americanischen Kolonien, wie die Vereinigten Staaten noch heute, der Tummelplatz religiöser Secten, die dort ungestört die Lebensfähigkeit ihrer kirchlichen und socialen Systeme erproben konnten. Die erste der noch heute in America nicht ausgestorbenen religiösen Gemeinschaften, die ihr Heil in der Ehelosigkeit suchen, war aus Deutschland herübergekommen. Im Jahre 1708 in der Gegend von Schwarzenau in der Pfalz entstanden und alsbald verfolgt, entfloh eine wiedertäuferische Secte nach America, wo sie sich unter dem Namen der Tunker oder Tumbler zu einer Art von religiösem Orden constituirte, und, namentlich in ihrem Kloster zu Ephrata in Pennsylvanien, etwa fünfzig Jahre lang in einer von den Zeitgenossen viel gefeierten, gottseligen Gemeinschaft lebte. Einer anderen, unserem Jahrhundert angehörenden Gemeinschaft dieser Art, der Rappisten, werden wir weiter unten zu gedenken haben. — Für die Geschichte der deutschen Auswanderung von größerer Bedeutung, als diese und ähnliche Secten, waren die Herrnhuter. Nicht lange nach der Stiftung der Herrnhuter-Gemeinde durch den Grafen Zinzendorf (1725) wurden ihre Blicke durch die unter Oglethorpe's Leitung in London gebildete Gesellschaft zur Ansiedlung Georgiens nach America gelenkt. Die Gesellschaft, die nach dem ursprünglichen Plan ihres humanen Gründers nur eine Leerung der Londoner Schuldgefängnisse und eine Uebersiedlung ihrer unglücklichen Bewohner beabsichtigt hatte, entschloß sich, zu gleicher Zeit für die Bekehrung der Indianer in ihrer neuen Kolonie zu wirken, und den in Europa verfolgten Protestanten eine neue Stätte ungehinderter Religionsübung auf americanischem Boden zu bereiten. Man erließ Einladungen zur Auswanderung nach Georgien an alle Protestanten Europas, und vor Allem Deutschlands. Gleich an der ersten Expedition nach Georgien sollten sich, nach einer zwischen Zinzendorf und Oglethorpe brieflich getroffenen Verabredung, Herrnhuter betheiligen. Doch versäumten sie die nach Georgien bestimmten Schiffe und wandten sich nach Pennsylvanien. Andere Herrnhuterzüge aber gingen, der wiederholten, mit vortheilhaften Anerbietungen verbundenen Einladung Oglethorpe's folgend, nach Georgien, wo sie am Savannah sich niederließen und ihren schnell gedeihenden Ansiedlungen den Namen Ebenezer gaben. Ihr reger Eifer im Bekehren der Creek-Indianer mochte den Gründern der Kolonie willkommen, den übrigen Bewohnern derselben gleichgültig sein; nicht so ihr entschiedenes Auftreten gegen die (von der Kolonisationsgesellschaft ursprünglich verbotene, endlich im Jahre 1750 gestattete) Einführung der Negersclaverei und ihre Weigerung die Waffen zu führen. Mißhandlungen, die sie von der übrigen Bevölkerung zu erleiden hatten, bewogen sie in den Jahren 1738 und 1739 Georgien wieder zu verlassen und, wie so viele wegen ihres Glaubens Verfolgte vor ihnen, nach Pennsylvanien zu ziehen, wo sie sich am Delaware bei Easton niederließen und alsbald eine Negerschule, die erste und lange die einzige in Nordamerica, anlegten. Aber auch hier war ihres Bleibens nicht lange. Von den Indianern abermals aus ihren Wohnsitzen vertrieben, zogen sie sich in die Wälder zurück, dieses Mal, um sich in Bethlehem eine dauernde Stätte zu gründen, von wo aus sie bis auf die neueste Zeit segensreich gewirkt haben.

Einen bleibenden Wohnsitz in Georgien fanden aber eine Anzahl der 1731 und 1732 ausgewanderten 30,000 evangelischen Salzburger, die unter dem Erzbischof Leopold Anton vertrieben, theils in Schwaben, den Rheinlanden und namentlich in Preußen Aufnahme fanden, theils aber nach Georgien gingen, wohin sie von der Oglethorpe'schen Kolonisationsgesellschaft unter sehr günstigen Bedingungen eingeladen worden waren. Die Niederlassungen der Herrnhuter, auf welchen auch die Salzburger sich ansiedelten, scheinen später, als sie von jenen verlassen wurden, ganz an die Letzteren übergegangen zu sein. Sie trieben Seiden- und den von ihnen eingeführten Indigobau mit großem Erfolg. Ihre Nachkommen bewohnen noch heute das von den Herrnhutern gegründete Ebenezer und werden als musterhaft ordentliche und fleißige Leute gerühmt.

Auch in Süd- und Nordcarolina und in Virginien siedelten sich eine beträchtliche Anzahl deutscher Gemeinden im ersten Drittel des achtzehnten Jahrhunderts an. Noch jetzt blühende Städte in Virginien, wie Stephensburgh und Stephenstown, sind von Deutschen angelegt worden. Ueberall war es der vorherrschend kirchliche Charakter dieser Gemeinden, der sie zusammenhielt und bis zur Zeit des Unabhängigkeitskrieges ein Band bildete, das sie sowohl untereinander als mit dem Vaterlande im Zusammenhang erhielt. Kirche und Prediger waren immer einer Anzahl Gemeinden gemeinsam, die sich, so oft es sich um Befriedigung ihrer religiösen Bedürfnisse handelte, nach dem Vaterlande wandten, wo sie des lebhaftesten Antheils an ihrem Ergehn in glaubensverwandten Kreisen gewiß sein konnten. 1734 bestanden im nördlichen Virginien schon vier lutherische Gemeinden, die im folgenden Jahre einen ihrer Prediger nach Deutschland sandten, um Gelder zur Erbauung einer Kirche und einer Pfarrwohnung zu sammeln. Nach einer Mittheilung in den „Halleschen Nachrichten“ gelang es dem Abgesandten, für diesen Zweck 3000 Livres zusammenzubringen.

In dem westlichen Theil von Maryland begegnen wir schon zu Ende des siebzehnten Jahrhunderts einigen deutschen Gemeinden.

Auch einer deutschen Ansiedlung in einem der Neuengland-Staaten ist mit zwei Worten zu gedenken. Durch öffentliche Aufforderungen und Versprechungen angelockt, erwarb nämlich eine Anzahl reformirter und lutherischer deutscher Familien im Jahre 1739 eine Strecke Landes in Maine von dem General Waldo und gründeten das nach demselben benannte Waldoborough. Es war aber kein Segen dabei. Während eines Krieges mit den canadischen Franzosen (1746) wurde die Kolonie von den Indianern völlig zerstört. Nach dem Frieden durch neue Einwanderer, denen Statthalter und Gesetzgebung unter ausdrücklicher Anerkennung der Tüchtigkeit deutscher Immigranten, Schutz und Unterstützung zugesagt hatten, wieder hergestellt, wurden die Ansiedlungen 1755 abermals von den Indianern verwüstet. Kaum aber hatten die Kolonisten auch die Folgen dieses kriegerischen Ueberfalls wieder verwunden, so sahen sie ihren Rechtstitel auf das ihnen von Waldo überlassene Gebiet nach dessen Tode mit Erfolg bestritten. Sie mußten es von dem angeblich rechten Eigenthümer (1763) zum zweiten Mal erwerben. Ein abermaliger Angriff auf ihre Rechte erschöpfte (1773) die Geduld der meisten Familien. Diese verkauften ihr Besitzthum um einen Spottpreis und zogen nach Südcarolina. Nur einige Wenige kehrten zurück und vereinigten sich mit den dort Gebliebenen dauernd zu einer Gemeinde, in deren Kirche noch zu Anfang dieses Jahrhunderts deutsch gepredigt wurde.

Wenn wir schließlich noch eines mißlungenen Auswanderungszuges aus dem Jahre 1765 gedenken, dessen Ueberreste sich zu Ansiedlungen in Neu-Schottland vereinigten, so haben wir den nördlichsten Punkt, bis zu welchem sich die deutschen Niederlassungen in America im vorigen Jahrhundert erstreckten, erreicht und damit zugleich den Kreis der Ansiedlungsländer, in welchem sich die deutsche Auswanderung der früheren Zeit bewegte, in flüchtigen Zügen umschrieben. Denn in den spanischen und portugiesischen Kolonien in Mittel- und Südamerica wurden bis in den Anfang dieses Jahrhunderts kaum Einwanderer aus dem Mutterlande, geschweige aus andern Ländern zugelassen, und Australien galt bis in das dritte Decennium dieses Jahrhunderts für ein nur zum Sammelplatz englischer Verbrecher verwendbares Land.

Die Schilderung des Schicksals der Deutschen in Nordamerica bis zum americanischen Unabhängigkeitskriege aber haben wir noch nach einer Seite hin kurz zu vervollständigen, indem wir auch auf diejenigen deutschen Auswanderer jener Zeit, die nicht durch religiöse Motive bewogen wurden, das Vaterland zu verlassen, einen Blick werfen. Neben den Schaaren derer nämlich, die, wie wir gesehen haben, mit einem bestimmten Niederlassungsplan, meistens einer an sie ergangenen, von vortheilhaften Anerbietungen begleiteten Aufforderung folgend, nach America gingen, fehlte es auch schon im vorigen Jahrhundert nicht an Solchen, die, zum Theil in bedeutender Anzahl, plan- und mittellos über den Ocean zogen. Verdorbene Subjecte, Verbrecher und Glücksjäger aus allen Ständen stellten ein reichliches Contingent zu dieser Auswanderung. Namentlich aber recrutirte sich dieselbe auch aus den unglücklichen, verführten Opfern der sogenannten „Neuländer," jener — wie wir später sehen werden — noch heute nicht ausgestorbenen, damals aber ganz ungestört ihr Wesen treibenden Seelenverkäufer, die das arme Landvolk in Deutschland durch die verlockendsten Schilderungen zur Auswanderung verführten und dann förmlich verhandelten. Um die ihnen in Europa vorgeschossene Passage abzuverdienen, mußten die so Verlockten sich für eine Reihe von Jahren zu Diensten verdingen, — ein Verhältniß, das noch zu Anfang dieses Jahrhunderts nichts Ungewöhnliches war, bis ein vom Congreß der Vereinigten Staaten erlassenes Gesetz jede Art auf den Vorschuß der Passage begründeter Dienstbarkeit für das Gebiet der Union verbot.

Mit dem americanischen Unabhängigkeitskriege hörte die deutsche, bis dahin auf Nordamerica beschränkte Auswanderung fast ganz auf, um erst in diesem Jahrhundert in bedeutenderem Umfang und mit einem von dem bisherigen wesentlich verschiedenen Charakter wieder aufzutreten. Die bisherige Auswanderung, — um ihre charakteristischen Merkmale zusammenzufassen — war überwiegend aus religiösen Motiven entsprungen. Es handelte sich um die Gründung religiöser Gemeinden auf einem Boden, der toleranter wäre, als der heimathliche. Dieses zunächst auf kirchlichem Grunde ruhende Gemeindeleben äußerte aber auch in anderen Richtungen seine wohlthätigen Wirkungen. Die Vorzüge eines freien, wiewohl durch das Sectenwesen bedingten und in Folge dessen in seiner Erscheinung vielfach beschränkten Gemeindelebens, werden hier deutlich erkennbar. Die kleinen deutschen Gemeinden erwarben sich die mannichfachsten Verdienste um die Entwickelung der englischen Kolonien und wußten sich eine Geltung zu verschaffen, die um so bestimmter hervortrat, je leidenschaftlicher und feindseliger sie wiederholt von den Americanern bekämpft wurde. Von dem Ansehn, in welchem die auf deutschen Universitäten gebildeten Geistlichen jener Gemeinden auch bei den englischen Kolonisten standen, haben wir mehrfache Zeugnisse; wir wissen, daß sich namentlich die Herrnhuter um die Begründung des americanischen Volksschulwesens, das, außer in den Neuengland-Staaten, noch ganz im Argen lag, Verdienste erwarben. Aber auch auf den Gebieten einer rein praktischen Thätigkeit, in der Industrie und namentlich im Anbau des Landes zeichneten sich die deutschen Einwanderer aus. Deutsche waren es, welche die Papier-, Leinen- und Wollen-Tuch-Manufactur in Pennsylvanien einführten. Was deutscher Fleiß in der Bebauung des Landes leistet, erkennen noch heute unparteiische Americaner freudig an. Schon damals erwarben sie sich, nach dem Zeugniß eines americanischen Schriftstellers den Ruf der besten Landleute in America. Die Legislatur von Virginien bewilligte den erst zwei Jahre zuvor angekommenen Deutschen 1712 eine siebenjährige Abgabenfreiheit in Anerkennung ihrer gegen die Indianer bewiesenen Tapferkeit und ihrer Verdienste um den Ackerbau.

Hier waren also unleugbar die Elemente zu einer selbstständigen deutschen Kolonie im größeren Stile gegeben. Hier wäre, wenn sich unter diesen deutschen Einwanderern ein Mann erhoben hätte, der, ohne die religiöse Befangenheit seiner Landsleute zu theilen, die guten Eigenschaften des einigen Zusammenhaltens, des nüchternen Fleißes und der unerschrockenen Ausdauer für höhere staatliche Zwecke im rechten Augenblick nutzbar zu machen verstanden hätte, — hier, d. h. in New-York und Pennsylvanien mit einem Theil von Maryland und Virginien, wo die Deutschen einen compacten Bestandtheil der Bevölkerung ausmachten, wäre eine Gestaltung der Dinge denkbar gewesen, die dem deutschen Element ein dauerndes Uebergewicht hätte sichern können. Und verschiedene Vorgänge aus der Zeit vor dem Unabhängigkeitskriege beweisen, daß ein solcher Gedanke den Deutschen in America nicht fremd war. Nach dem Eintreffen der Kunde von der vollbrachten englischen Revolution von 1688 war in New-York, wo sich die deutsch-holländische Bevölkerung von Anfang an feindselig gegen die englische Regierung verhalten, und wo namentlich die deutsche Einwanderung zu wiederholten Klagen der Kronbeamten über den aufrührerischen Sinn der dutch republicans Veranlassung gegeben hatte, eine Bewegung der deutschen Bevölkerung ausgebrochen, an deren Spitze Jacob Leisler stand. Die Behörden Jacobs II wurden verjagt, Wilhelm III als König und Leisler, der reichste Mann in New-York, provisorisch zum Statthalter proclamirt, bis der von Wilhelm III. gesandte neue Statthalter Sloughter eintraf und Leisler sein Amt in dessen Hände niederlegte. Gleichwohl mußte er seine „Insolenz", sich an die Spitze einer „deutschen Verschwörung" gestellt zu haben, am 16. Mai 1691 mit dem Tode büßen. — Ein anderer Deutscher hat sich durch einen glücklicheren Widerstand gegen die Uebergriffe der englischen Regierung einen noch in der Revolutionszeit gefeierten Namen gemacht. Jacob Zenger, einer der 5000 auf Kosten der Königin Anna übergesiedelten Deutschen, Herausgeber eines Wochenblatts, trat in demselben gegen das Willkürregiment des Gouverneurs Cosley in New-York so energisch auf, daß er am 17. November 1734 wegen verläumderischen Libells vor Gericht gestellt, von den Geschworenen aber, unter dem Jubel des Volks, für nichtschuldig erklärt wurde.

Wenn aber diese Bewegungen in New-York einen mehr revolutionären Charakter an sich tragen, so war es in Pennsylvanien recht eigentlich das naturgemäße Vordrängen einer sich in ihrer Bedeutung fühlenden Bevölkerung, die nur freilich von einem anderen, als dem Geist religiöser Sectirerei hätte beseelt sein müssen, um sich die Rolle zu sichern, die sie wiederholt zu spielen Miene machte.

Schon 1717 erklärte der Gouverneur Sir William Keith in einer Botschaft an das Provinzial-Council: „die Fremden aus Deutschland seien der Sprache und den Staatseinrichtungen Englands feindlich; man müsse Anstalt machen, sich ihrer zu versichern," und veranlaßte einen Beschluß jener Versammlung, demgemäß die Fremden gleich bei der Landung den Eid der Treue zu leisten haben sollten. Später aber scheint derselbe Keith, als er, wie früher erwähnt, die des Aufenthalts in New-York überdrüssigen Deutschen im Jahre 1723 nach Pennsylvanien einlud, — nach einer Bemerkung James Logan's, des Bevollmächtigten der Familie Penn, zu schließen, — den Plan gefaßt zu haben, im Innern des Landes einen von England unabhängigen Staat zu gründen und denselben vorzüglich mit Deutschen und Irländern zu bevölkern. — Welche Besorgnisse die Zunahme der deutschen Einwanderung bei tiefer blickenden Engländern erweckte, das geht am besten aus verschiedenen uns aufbehaltenen schriftlichen Aeußerungen des eben erwähnten Logan, späteren Gouverneurs von Pennsylvanien, hervor. Er schreibt 1724: „er sei nicht wenig besorgt über die große Anzahl von Deutschen, welche sich unter ihnen niedergelassen, und fürchte, sie möchten auf den Gedanken kommen, das Land in Besitz zu nehmen;" und im Jahre 1727: „thue das Parlament der deutschen Einwanderung nicht Einhalt, so würden die Kolonien der Krone verloren gehen;" und wieder 1729: „es sei klar, daß die Schaaren von Deutschen bald einen deutschen Staat erzeugen würden, und vielleicht einen solchen, wie er Großbritannien im fünften Jahrhundert von den Sachsen bescheert sei."*) Diese Befürchtung mochte er zum Theil im Hinblick auf die verwegenen und verzweifelten Elemente der deutschen Einwanderung aussprechen, an denen es schon damals nicht fehlte, und die er in einem seiner Briefe als „einen Haufen verwegener und armer Fremdlinge" schildert, die sich des besten Landes bemächtigten, eine Bezahlung desselben aber mit der Erklärung verweigerten, daß sie nicht gekommen seien, Land zu kaufen, sondern es mit ihren kräftigen Armen zu bebauen und zu vertheidigen. Solche Leute gesellten sich schon damals den americanischen Pionieren zu und drangen an ihrer Seite nach Westen vor. — Es fehlt aber auch nicht an Zeugnissen dafür, daß gerade die Ansiedelung der Deutschen in geschlossenen Districten und das zähe Festhalten dieser Kolonisten an ihrer Nationalität es waren, welche den Engländern mit Recht als die gefährlichen Elemente einer von den eingewanderten Deutschen dauernd und gemeinsam zu erringenden Selbstständigkeit erschienen. Schon damals wurden Stimmen laut, welche in ihrem Verlangen nach einer gewaltsamen Nationalisirung der eingewanderten Deutschen weit über den freilich noch unendlich viel unberechtigteren Nativismus unserer Tage hinausgingen. Die feindselige Stimmung, in der sich die beiden Nationalitäten gegenüber standen, kam bei verschiedenen Veranlassungen,

*) Aus Rupp history of the counties of Berks and Lebanon. Lancaster 1844 bei Löher S. 87.

wiederholt namentlich bei den öffentlichen Wahlen zum Ausbruch, wie denn im Jahre 1742 die sogenannte Herrenpartei (Gentlemens Party) gegen die demokratischen Deutschen, welche damals, wie immer, mit der Freimannspartei (Freemens Party) stimmten, von der Rhede Matrosen zu Hülfe rief, „die eben so gut berechtigt seien an der Wahl Theil zu nehmen, wie die Fremden," und dadurch ein zweitägiges Handgemenge hervorrief, welches mit der Niederlage der Herrenpartei endigte. — Den bestimmtesten Ausdruck fanden die Wünsche der Deutschen nach der Gründung eines selbstständigen Staats in einem nicht lange nach dem Unabhängigkeitskriege im Jahre 1784 auf der Landesversammlung von Pennsylvanien gestellten Antrag, die deutsche Sprache zur officiellen Landessprache zu erklären. Ein Deutscher, der Präsident Friedrich Mühlenberg, entschied bei vorhandener Stimmengleichheit die Verwerfung des Antrags, der das letzte Aufflackern eines fortan nicht mehr berechtigten Nationalgefühls bezeichnet.

Die Verwerfung war für den Augenblick eine zufällige, der Antrag aber hätte, auch wenn er angenommen wäre, auf die Dauer nicht mehr zur Ausführung gebracht werden können. Der Unabhängigkeitskrieg hatte die Gestalt der Dinge wesentlich verändert. Das angelsächsische Element hatte die Bahn betreten, auf der es im Gebiet der vereinigten Staaten das allein herrschende sein wollte und sollte. Die Gebildeteren unter den Deutschen waren bereits von der Nothwendigkeit einer Verschmelzung mit den Americanern durchdrungen, wie sie sich bald genug, nachdem die meisten deutschen Gemeinden sich aufgelöst hatten, vollbrachte, und die unteren Schichten der Einwanderung, welche sich von ihrer nationalen Sprache und Gewöhnung nicht loszureißen vermochten, waren fortan zur Isolirung und zum Verharren auf dem Standpunkt einer zurückgebliebenen Cultur verurtheilt. Der Zeitpunkt, wo ihre Anhänglichkeit an die Heimath für die Gründung eines neuen Deutschlands auf americanischen Boden fruchtbar hätte gemacht werden können, war versäumt worden. Nun aber, als sie in Folge der gänzlich umgestalteten Verhältnisse den Zusammenhang mit dem alten Vaterland verloren, von der großartigen Entwickelung des americanischen Lebens aber gleichwohl völlig unberührt fortfuhren, mit der ganzen Zähigkeit des deutschen Bauernthums an den Traditionen und der mit der Zeit durch Vermischung mit englischen Ausdrücken zu einem abscheulichen Jargon gewordenen Sprache ihrer Väter festzuhalten, fingen sie an, ein wunderlich beschränktes, geistig verkümmertes Dasein zu fristen, mit dem sie den Deutschen unserer Tage wie Ueberreste einer antediluvianischen Zeit anmuthen.

Die Umgestaltung der Verhältnisse, welche der Unabhängigkeitskrieg in den Vereinigten Staaten hervorbrachte, konnte ihre Wirkungen auf die eingewanderten Deutschen um so ungehinderter äußern, als der Ausbruch eben dieses Krieges mit der von England über die americanischen Häfen verhängten Blokade eine Stockung der deutschen Einwanderung veranlaßte, die bis in das zweite Jahrzehnt dieses Jahrhunderts fortdauerte. Denn den Hindernissen, welche die Beendigung des Krieges beseitigte, folgten andere auf dem Fuße. Die langen Kriege, welche die französische Revolution im Gefolge hatte, verbrauchten die auswanderungslustige Bevölkerung auf den Schlachtfeldern. Von 1775 bis 1815 fand keine oder doch nur eine höchst geringfügige Auswanderung aus Deutschland statt.

Erst mit dem wiedergekehrten Frieden fanden sich auch wieder überschüssige Kräfte im deutschen Volkskörper, die nach einer Thätigkeit auf entfernten und neuen Schauplätzen um so sehnsüchtiger aussahen, je entwöhnter sie der geregelten friedlichen Arbeit durch die langen Feldzüge geworden waren. So war das erste und natürlichste Element einer erneuten Auswanderung gegeben. Was ihr aber bald den Charakter einer immer steigenden Massenhaftigkeit geben sollte, das waren noch andere, gerade in dieser besonderen Zeit gelegene Momente. Es war der Beginn jenes materiellen Umschwungs, den wir Alle erleben, der sich mit am deutlichsten in dem erwachenden Bewußtsein der Massen über ihre Lage, in dem Verlangen nach materieller Verbesserung kundgab. Und was diesem Verlangen förderlichst entgegenkam, und jenen Umschwung wechselwirkend anbahnte, das war das allgemeine Streben der Zeit, die Communication der Völker zu erleichtern, vor Allem die neuerfundene Anwendung der Dampfkraft, die bald die Welttheile in ungeahnter Weise mit einander verbinden sollte, und auch die Blicke derer, die sich der neuen Kraft anfangs noch nicht bedienen konnten, an früher unüberwindlich scheinende Entfernungen gewöhnte, und sie mit dem Gedanken an die Unternehmung bisher unerhörter Reisen vertraut machte. Nicht bloß indeß die Verbesserung der materiellen Lage galt es. Nicht Wenige fanden sich von nun an durch politische Verstimmung, oft auch durch eine politische Nothwendigkeit bewogen, ein neues Vaterland in fremden Welttheilen zu suchen. Waren doch die Jahre nach den Befreiungskriegen Jahre getäuschter Hoffnungen und gab doch — im Gegensatz zu der riesenhaften Entwickelung der materiellen Kräfte — die wachsende politische Reaction der Unzufriedenheit der Nation immer neue Nahrung! Dürfen wir auch den Antheil, den bewußtes Mißvergnügen über die politische Lage des Vaterlandes an der Auswanderung hat, nicht zu hoch anschlagen, so werden wir doch überall, wo wir den Beweggründen der aus Deutschland auswandernden Massen auf den Grund zu kommen suchen, eine, wenn auch nur instinctive, gleichwohl an sehr bestimmten Merkmalen erkennbare, politische Verstimmung mitwirken sehen.

Wie dem indeß sei: sowohl die ihrem Motiv nach ökonomischen wie die politischen Auswanderungen und Kolonialunternehmungen unserer Zeit betrachten wir hier aus dem Einen Gesichtspunkt der Beziehung der Ausgewanderten zum Vaterlande — unter dem Gesichtspunkt der verlorenen oder der bewahrten Nationalität.

Direct zu dem Zweck unternommen, ein neues Deutschland im Kleinen zu gründen, erscheint zunächst eine Reihe aus politischen Motiven hervorgegangener Auswanderungsunternehmungen, deren schlechter Erfolg leider schon durch die Art ihrer Entstehung außer Zweifel gestellt war. — Jene religiösen Gemeinden früherer Zeit hatten in ihrer kirchlichen Gemeindeverfassung eine gesunde und natürliche Basis des Zusammenhaltens, der nur ein anderer Geist hätte eingehaucht werden müssen um sich fruchtbringend für eine staatliche Organisation, wenn sie je in America möglich war, zu erweisen. Gerade das Umgekehrte fand bei den gemeinsamen, politischen Auswanderungen unserer Zeit statt. Abgesehen von den oben bereits berührten gänzlich verän erten Verhältnissen der Vereinigten Staaten, in welchen die Mehrzahl dieser Versuche in's Leben treten sollte, und die einen fremden Staatsorganismus auf ihrem Gebiet nimmermehr geduldet hätten, fehlte es auch jenen Unternehmungen an jeder für staatliche Zwecke verwendbaren Organisation, — sie waren sammt und sonders lediglich auf ideale oder phantastische Ziele gerichtet, denen zur Erreichung ihrer Zwecke nichts als ohnmächtige Wünsche zu Gebote standen.

Schon 1818 und 1820 begegnen wir einzelnen Auswanderungsgesellschaften, denen politische Tendenzen nicht fremd gewesen zu sein scheinen. Bestimmt ausgesprochen aber finden wir solche Zwecke erst in den dreißiger Jahren, wo die in Folge der Julirevolution in Deutschland ausgebrochenen Bewegungen zum ersten Mal eine größere Anzahl politischer Flüchtlinge nach den Vereinigten Staaten führten. Aus diesen Elementen bildete sich in New-York 1832 eine Gesellschaft, die, ein Vorläufer der seit 1848 entstandenen Flüchtlings-Comités, von America aus revolutionäre Propaganda in Deutschland zu machen, sich für die wieder bevorstehende Revolution bereit zu halten, außerdem aber auch einen deutschen Staat in den Vereinigten Staaten zu gründen beabsichtigte. Zur Ausführung dieses letzteren Zweckes bedurfte man zunächst eines geeigneten Gebiets. Die Gesellschaft wandte sich an den Congreß mit der Bitte um Gewährung einer Strecke Landes zum Anbau, wie man es den polnischen Flüchtlingen überlassen hatte, wurde aber abschlägig beschieden. Dadurch noch nicht abgeschreckt, lenkte sie ihre Blicke auf damals noch nicht zur Union gehörende Gebiete, nach Oregon und Texas. Bevor man sich jedoch noch für eines dieser Länder entschieden hatte, waren in der Gesellschaft, der es an Menschen, Geld und Einsicht, mit denen sich ein neuer Staat hätte gründen lassen, gleichmäßig gebrach, über die Stellung, welche man in der americanischen Politik einzunehmen habe, Zwistigkeiten ausgebrochen, in Folge deren sie sich auflöste, nachdem sie 1834 die noch heute bestehende „New-Yorker Staats-Zeitung“ auf Actien gegründet hatte.

Mehr Aussicht auf einen wenigstens vorübergehenden Erfolg schien anfänglich eine von neuen Einwanderern in Pennsylvanien unternommene Bewegung zu bieten, welche zunächst nur der Verbesserung und Neubegründung des deutschen Schulwesens und der gesetzlichen Gleichberechtigung der deutschen mit der englischen Sprache galt, und durch an verschiedenen Plätzen errichtete Ausschüsse, in Aufrufen und neubegründeten Zeitungen auf's Eifrigste betrieben ward. Die alten Einwanderer, die oben charakterisirten Pennsylvanier-Deutschen, wurden leicht genug von der Berechtigung ihrer, wenn auch in schrecklicher Verstümmelung treu bewahrten Muttersprache überzeugt und zu Gesuchen, erst an das Abgeordnetenhaus des Staats, dann aber an die mit der Revision der Verfassung (1837) beauftragte Versammlung veranlaßt. Erst hier fanden die Gesuche Berücksichtigung; die Versammlung faßte den bald darauf auch wirklich zur Ausführung gebrachten Beschluß, daß die Gesetze und Beschlüsse der Generalversammlung (Senat und Haus der Abgeordneten) auch in deutscher Sprache gedruckt werden sollten. Für den Grad des Interesses der Pennsylvanier-Deutschen an ihrem neuen Vaterlande liefert aber die Thatsache, daß bis vor wenigen Jahren, wo diese Einrichtung noch fortbestand,*) die Kosten des Drucks und des Papiers durch den Verkauf der in deutscher Sprache veröffentlichten Gesetze nicht gedeckt wurden, einen traurigen Beleg. Die Bewegung selbst endlich, der diese Sprachconcession als ein immerhin nicht verächtliches Resultat zu verdanken war, gerieth nur zu bald wieder in's Stocken.

---

*) Roß, Vereinigte Staaten von Nordamerica, 1855. S. 179.

Die Anführer zerstreuten sich oder wurden durch weitaussehende und unausführbare Pläne von der Verfolgung des nächstliegenden Zweckes abgelenkt. Die einschmeichelnde Idee eines eigenen deutschen Staats, die schon gleich im Anfang ausgesprochen, eine Zeitlang durch verständigere Pläne zurückgedrängt, dann durch das Project, zwar keinen deutschen Staat, aber doch eine große Gesammtansiedlung im Westen zu gründen, ersetzt war, trat bald genug wieder hervor. Schon 1835 sprach sich eine in Carlisle zusammenberufene Versammlung für die Nothwendigkeit eines deutschen Staats im Westen aus und Ende October 1837 trat, einem von Philadelphia aus erlassenen Aufruf gemäß, in Pittsburgh die „erste americanisch-deutsche Convention*) zusammen, auf welcher aus sechs verschiedenen Staaten vierzig Mitglieder erschienen. Bereits hier, noch mehr aber auf einer zweiten in Pittsburgh (1838) und einer letzten in Philipsburgh (1839) gehaltenen Convention gelangte man jedoch zu der traurigen Einsicht, daß es zur Ausführung so riesenhafter Pläne, außer an allem Uebrigen auch an dem ersten Erforderniß einer politischen Gründung, an der nöthigen Einigkeit durchaus fehlte. Die Conventionen boten das unerquickliche, seitdem leider so oft in deutschen politischen Versammlungen wiederholte Schauspiel von Leuten, die, zur Ausführung von Plänen zusammengetreten, welche zu ihrem Gedeihen vor Allem der uneigennützigsten Selbstentäußerung bedurft hätten, in den kleinlichsten Persönlichkeiten befangen, ihr eifrigstes Bestreben auf gegenseitige Anfeindung und Herabsetzung in der allgemeinen Achtung richteten. Selbst ein im Vergleich mit den eigentlichen Zielen der Versammlung so gemäßigter Antrag, wie der folgende: „daß in allen Staaten, Counties und Townships, wo die deutschen Bürger die Mehrzahl ausmachen, auf gerichtliches Verfahren in deutscher Sprache, Anstellung von Beamten, die beider Sprachen mächtig sind, und Veröffentlichung aller noch zu erlassender Gesetze in deutscher Sprache zu dringen sei, und daß daher diese Convention alle ihr zu Gebote stehenden Mittel anwende, dies zu erreichen," — selbst dieser Antrag konnte nur in einer ganz abgeschwächten und nichtssagenden Gestalt zur Annahme gelangen. Auf der dritten Convention einigte man sich zu dem Beschluß, daß alle zwei Jahre zu Philipsburgh eine Versammlung zu dem Zweck gehalten werden solle, um über Mittel zur Herstellung einer deutschen Schulbildung zu berathen, ein Beschluß, der

*) Protokoll der ersten americanisch-deutschen Convention, gehalten zu Pittsburgh vom 18—26. October 1837. New-York bei Neumann 1838.

so wenig, wie die beabsichtigte Stiftung eines Seminars, zur Verwirklichung kam. Das klägliche Ende, welches diese ephemeren Bestrebungen nahmen, hatte das einzige Gute, für längere Zeit von so unpraktischen Unternehmungen abzuschrecken! —

Der nächste, den zuletzt geschilderten verwandte, und doch von denselben sehr verschiedene Versuch einer deutschen Staatengründung in America fällt erst in das vierte Jahrzehnt. Das Unternehmen des Mainzer Fürstenvereins, von dem wir reden, liefert in seinem folgenschweren Ausgang einen womöglich noch lehrreicheren Beweis dafür, bis zu welchem Grade der Unfähigkeit und Verkehrtheit, bei übrigens gutem Willen, es Deutsche unserer Zeit in der Leitung von Unternehmungen zu treiben vermögen, die zu ihrem Gelingen die Vereinigung der seltensten Eigenschaften nicht nur bei den Führern, sondern auch bei der Mehrzahl der Geleiteten erfordern würden. Jene von unpraktischen demokratischen Flüchtlingen in den Vereinigten Staaten unternommenen Versuche hätten selbst bei dem Vorhandensein aller der Eigenschaften, deren Mangel ihr Verfahren dabei charakterisirt, nicht gelingen können, weil eine fremde Staatenbildung innerhalb des Gebietes der Union undenkbar ist: — die von dem Verein deutscher Fürsten und Standesherrn unternommene Kolonisirung des, bei Beginn des Unternehmens, noch zu Mexiko gehörenden Texas hätte vielleicht erfolgreich sein können, wenn die Unternehmer eine Ader, nicht von Eroberern, sondern nur von wahren Kolonisten in sich gehabt hätten, während sie dem kindischen und in seinen Folgen schrecklichen Wahn der Gründung eines büreaukratisch-monarchischen Staats in der nordamericanischen Wildniß nachjagten. Mexiko hatte die Gewalt über Texas verloren, die Vereinigten Staaten hatten sich noch nicht zur Besitzergreifung entschlossen. England hätte die Vereitelung der Annexion ohne Zweifel gern gesehen und würde, wenn es auch nicht, wie behauptet wird, bei dem ganzen deutschen Unternehmen die Hand im Spiele gehabt, doch vielleicht, wenn dasselbe in seiner Ausführung nur einige Gewähr des Gelingens geboten hätte, dem Wunsch der Hauptleiter des Vereins, das Protectorat über die texanische Kolonie zu übernehmen, entsprochen haben. — Im Jahre 1842 wurde der Verein vom Grafen Castel gegründet. Der Fürst von Leiningen war Präsident; Graf Castel Director; Prinz Friedrich von Preußen, der Herzog von Coburg-Gotha, die Prinzen von Hessen-Homburg, der Fürst von Schwarzburg-Rudolstadt, ein Paar Prinzen von Solms-Braunfels und gegen dreißig andere Prinzen, Grafen und Barone waren Mitglieder des Vereins, dessen Protectorat der

Herzog von Nassau übernommen hatte. Den im März 1844 veröffentlichten Statuten des Vereins zufolge, beabsichtigte derselbe, in Deutschlands Interesse den Zug deutscher Auswanderer zu regeln und zu ordnen, die Auswanderer nach einem Punkt hinzuleiten, Ackerbau-, Industrie- und Handels-Niederlassungen zu gründen, commercielle Beziehungen zwischen Texas und Deutschland anzuknüpfen, denjenigen Deutschen, welche sich auf den Kolonialniederlassungen des Vereins befänden, oder dort einwandern würden, seinen Schutz angedeihen zu lassen.*) Gegen Deposition einer Summe von 300 Fl. für jeden ledigen Auswanderer und 600 Fl. für jede Familie wurde den Ansiedlern freie Ueberfahrt und Verköstigung von Bremen bis an den Ausschiffungsort, freier Landtransport vom Ausschiffungsort bis auf die Kolonie selbst, Ueberlassung eines Wohnhauses, unentgeltliche Zuweisung von 320 Acres für die Familie und von 160 Acres für den unverheiratheten männlichen Einwanderer über siebzehn Jahr, Anschaffung und Ueberlassung von allen zur Landwirthschaft und zum Lebensunterhalt gehörenden Geräthschaften und Materialien zu einem möglichst billigen Preis aus den Magazinen ferner Anlage von Kirche, Schule, Krankenhaus, Apotheke und Herstellung der Communicationsmittel, sowie Schiffbarmachung der Flüsse, überhaupt allgemeine Fürsorge für das Wohl der Auswanderer zugesagt. Gleich im ersten Jahr meldeten sich 150, im zweiten Jahr aber gegen 2000 Familien. Inzwischen galt es, die den Auswanderern verheißenen Ländereien erst für den Verein zu erwerben. Zu diesem Zweck begab sich Prinz Carl von Solms-Braunfels als Generalbevollmächtigter des Vereins nach Texas; anstatt sich aber an die Regierung behufs Schenkung einer geeigneten Strecke Landes, welche wahrscheinlich bewilligt worden wäre, zu wenden, kaufte er verschiedene Gebiete, deren eines einen rechtlich höchst zweifelhaften und später mit Erfolg angefochtenen Besitz gewährte, während das andere, die Henry-Fisher-Grants, zwischen dem San Saba und dem oberen Colorado in völliger, nie von einem Weißen betretener Wildniß lag, gleichwohl aber dem Verein von dem schlauen, zu diesem Zwecke nach Deutschland gereisten Besitzer in so bezaubernden Farben geschildert war, daß man keinen Anstand nahm, den Bevollmächtigten mit dem Ankauf einer von ihm noch gar nicht in Augenschein genommenen Landstrecke zu beauftragen. Dem Prinzen Solms folgten im Herbst 1844 fünfzig von dem Verein angeworbene

---

*) S. Gesammelte Actenstücke des Vereins zum Schutze deutscher Einwanderer in Texas. Mainz 1845. S. 3ff.

Familien und reisten unter seiner Anführung nach Fisher's Landstrecke. Nach einer langen und gefährlichen Reise durch die bloß von feindlichen Indianern durchstreifte Wildniß wurden sie entmuthigt und machten bei der Verbindung des Comal mit dem Guadeloupe Halt, wo Prinz Solms die, nach seiner deutschen Residenz benannte, übrigens günstig gelegene Stadt Neu-Braunfels und mit ihr die erste deutsche Ansiedlung in Texas anlegte. Jetzt hätte die eigentliche Kolonisationsarbeit mit Ernst und Ausdauer beginnen sollen. Statt dessen führte der Prinz die alberne Komödie eines hofhaltenden deutschen Fürsten in der Wildniß auf, wo alle Bedingungen der Civilisation erst neu zu schaffen waren, während sich die, von dem müssigen Narrenspiel ihres Führers angesteckten Kolonisten dem ausschweifendsten Treiben der Hefe großstädtischer Bevölkerungen hingaben. Während Prinz Solms sein auf dem Neubraunfelsen, unter kindischen Ceremonien errichtetes Blockhaus einweihte und „Sophienburg" taufte, seine „Levers" hielt, sich eine Garde bildete und den Grund zu einer deutschen Militärherrschaft im Lande gelegt zu haben glaubte, verpraßten seine vermeintlichen Unterthanen, denen der Verein genöthigt war einstweilen, bis die Zuweisung des ihnen contractlich zugesagten Landes erfolgt wäre, allen Lebensunterhalt zu liefern, das Vermögen des Vereins, so lange es vorhielt. Die Stadt bestand aus Zelten, welche man mitgebracht hatte, und sehr wenigen Blockhäusern der unwohnlichsten Art, die im bunten Gemisch ohne Ordnung durcheinander standen. Die einzigen wohnlichen Gebäude waren die Häuser, die der in den beschränktesten europäisch-büreaukratischen Vorstellungen befangene Verein für seine Beamten auf dem Berge hatte erbauen lassen. Von Umbrechen und Anbauen, von Einzäunen und eigentlicher Ansiedlung war keine Rede, und die Wenigen, die Vorbereitungen dazu trafen, wurden von den Uebrigen ausgelacht. Gesang, Musik, Spiel und Tanz, — das waren die Beschäftigungen der etwa siebenhundert Seelen starken, aus Adligen, ehemaligen Officieren, Ingenieuren, bankerotten Kaufleuten, nassauischen, hessischen und anderen Bauern zusammengesetzten Bevölkerung. — Dieses Treiben konnte begreiflich nicht lange dauern. Zu Anfang des Jahres 1845 kehrte Prinz Solms, seiner Herrschaft müde, nach Deutschland zurück und überließ die Kolonie seinen Beamten, die die verwilderten Kolonisten mit gründlich ausgearbeiteten polizeilichen Verordnungen und Regulativen vergebens zu zügeln versuchten. Das tolle Wesen nahm seinen Fortgang, bis kurz nach der Ernennung und Ankunft eines neuen Generalbevollmächtigten die Unterstützungsgelder aus Deutschland ausblieden und die Posse sich in ein Trauerspiel zu verwandeln anfing. Die Vereinsmagazine schlossen sich, der Verein machte thatsächlich Bankerott, und unter den Kolonisten brach bittere Noth aus, welche die Mehrzahl fort trieb, während sich wenige Energische zur Urbarmachung des Bodens ermannten. Aber dies Alles war nur ein leichtes Vorspiel zu den Folgen, die das Scheitern des Unternehmens für eine zweite vom Herbst 1845 bis zum April 1846 eintreffende große Expedition von Auswanderern, haben sollte. Mehr als 5230 Personen waren in Galveston und Indianola gelandet und sich dort selbst überlassen. Der Krieg der Vereinigten Staaten mit Mexiko war ausgebrochen; Indianola bestand zu jener Zeit nur aus wenigen Hütten, und selbst diese waren nicht für die Auswanderer, sondern für die auf dem Marsch befindlichen Soldaten bestimmt. Der Transport der Lebensmittel und des Gepäcks hatte die Fahrpreise übermäßig in die Höhe geschraubt. Die unglücklichen Auswanderer, zu deren Verpflegung und Beförderung der Verein kein Geld, (nicht einmal die von vielen Einwanderern in Deutschland im Vertrauen auf die Zusicherung, daß sie bei ihrer Ankunft in Texas auf ihr Verlangen sofort wieder ausbezahlt werden würden, deponirten Summen*) geschickt hatte, waren außer Stande, Zugvieh zu ihrer Weiterbeförderung anzukaufen. So mußten sie länger als sechs Monate, dem verderblichen Witterungswechsel an der ungesunden Küste ausgesetzt, in Zelten campiren. Zwei Drittheile wurden durch eine schreckliche Epidemie hinweggerafft. Eine kleine Schaar ging nach Mexiko, um Kriegsdienste zu nehmen; die übrigen Ueberlebenden entschlossen sich endlich, nach Neu-Braunfels zu ziehen, wo sie, nachdem der Tod unterwegs noch furchtbar gewüthet, in kleiner Zahl eintrafen, um die dortige Bevölkerung mit ihrer Krankheit anzustecken und die schon herrschende Sittenlosigkeit zu dem völlig scham- und schrankenlosen Gebahren einer von der Gewißheit eines nahen Todes zur Verzweiflung getriebenen, vor keinem Laster und keinem Verbrechen zurückschreckenden Bande zu steigern. — Aehnlich ging es in dem von dem Generalbevollmächtigten von Meusebach gegründeten Friedrichsburg zu. — So schrecklich endete ein ohne jede Einsicht von den Erfordernissen und den Bedingungen des Erfolgs einer Kolonisirung transatlantischer Länder begonnenes Unternehmen. Später, nachdem die Vereinigten Staaten Texas annectirt hatten, haben sich die wenigen von dieser verunglückten

*) S. Dr. Ferdinand Roemer. Texas. Mit besonderer Rücksicht auf deutsche Auswanderung u. s. w. Bonn 1849. S. 20ff.

Expedition übrig gebliebenen besseren Elemente im Verein mit neuen tüchtigen Kräften aus Deutschland, allmählich durch ihren Fleiß und den erfolgreichen Anbau des Landes eine geachtete Stellung in Texas und die Anerkennung der Amerikaner zu verschaffen gewußt.

Zu ferneren Versuchen gemeinsamer Niederlassungen mit politischen Zwecken in dem Gebiet der Vereinigten Staaten haben sich die Deutschen nicht fortreißen lassen. An den der neuesten Zeit angehörigen verunglückten socialistischen Experimenten Considerant's in Texas (Reunion) und Cabet's in Illinois (Icarien) haben sich wohl Schweizer, aber eigentliche Deutsche nicht betheiligt. Vielmehr hat gerade die in Folge der Ereignisse von 1848 mit politisch compromittirten oder doch politisch unzufriedenen Elementen stark versetzte deutsche Auswanderung des letzten Jahrzehnts einen sehr löblichen und ernsthaften Anlauf genommen, den deutschen Namen auf die einzig mögliche Weise in der Union zu Ehren zu bringen, indem sie bei persönlicher Tüchtigkeit und Ehrenhaftigkeit an dem politischen Leben der Union einen selbstständigen Antheil zu nehmen bemüht ist.

Nur in Australien wiederholte sich das Schauspiel einer von hochfliegenden politisch-socialistischen Plänen erfüllten, aber bald genug traurig ernüchterten Gesellschaft im Kleinen im Jahre 1849 noch einmal. Unter Anführung der Gebrüder Schomburg hatte sich in Berlin eine aus 180 Person aller Stände zusammengesetzte Auswanderungsgesellschaft mit einem Capital von 60,000 Thalern gebildet, um in Südaustralien eine geschlossene Niederlassung mit socialistischen Tendenzen zu gründen.*) Ihre hochgespannten Erwartungen von dem Gedeihen einer auf solcher Grundlage beruhenden Ansiedelung hielt mit ihrer gänzlichen Unkunde der Verhältnisse Australiens gleichen Schritt, und die bei der Ankunft sich aufdrängende Aufklärung über diese Verhältnisse hatte die alsbaldige Auflösung der Gesellschaft und das traurigste Loos ihrer Mitglieder, welche der Mehrzahl nach den gebildeten Ständen angehörten, und den Mühseligkeiten einer auf die härtesten Arbeiten angewiesenen Kolonialexistenz nicht entfernt gewachsen waren, zur Folge.

Ueberblicken wir die eben geschilderten deutschen Ansiedelungsversuche mit politischen Tendenzen noch einmal, so gelangen wir zu dem Resultat, daß jede derartige Unternehmung in unabhängigen Ländern oder in Kolonien mit bereits im Sinne einer bestimmten und starken Nationalität entwickelten Verhältnissen, mit andern Worten

*) Die Deutschen in Australien, von Dr Albert Heising. Berlin 1853.

jeder Versuch, in einem von der angelsächsischen Race beherrschten Gebiet eine deutsche Staatsbildung zu begründen, mehr als precär erscheint; indem diese Race, wie den entschiedenen Willen, so die Fähigkeit hat, da wo sie herrscht, jede fremde, und vor Allem die deutsche, ihr verwandte Nationalität, wenigstens politisch, zu absorbiren.

An ähnlichen Versuchen, in solchen Ländern, wo die Deutschen moralisch und physisch verkommenen Nationalitäten gegenüber vermöge ihrer nationalen Tüchtigkeit ein gleiches oder größeres Uebergewicht würden behaupten können, wie sie es ihrerseits von den Engländern und Americanern zu erfahren haben, fehlt es bis jetzt. Die politische Lage Deutschlands und der Mängel vieler zur Gründung von Kolonien unerläßlicher Eigenschaften, wie einer dazu befähigenden Erziehung, machen es erklärlich, daß solche Versuche bisher nicht angestellt worden, lassen uns aber ihr eventuelles Gelingen gleichfalls mehr als zweifelhaft erscheinen. Wir kommen indeß im Folgenden hierauf zurück, wenn wir uns zur Betrachtung derjenigen Kolonisations- und Auswanderungsunternehmungen der neueren und neuesten Zeit gewendet haben werden, bei denen religiöse und politische Motive höchstens eine ganz untergeordnete Rolle gespielt haben, die vielmehr wesentlich aus dem Streben nach Verbesserung der materiellen Existenz hervorgegangen sind. Die Niederlassungen nämlich, die wir dabei ins Auge zu fassen haben, werden wir der überwiegenden Mehrzahl nach in den von romanischen Völkern bewohnten Ländern Central- und Südamerikas finden. Wir werden die Deutschen in jahrelanger Berührung mit diesen Völkern sehen, werden ihre Niederlassung in geschlossenen Ansiedlungen beobachten, und berechtigt sein, den Grad des Gedeihens dieser Ansiedlungen als Maßstab für die Aussichten zu betrachten, die sich für unmittelbar auf die Erhaltung der Nationalität gerichtete Unternehmungen in jenen Ländern eröffnen würden.

II.

Bei einer Umschau über diejenigen Kolonisationsunternehmungen, die wesentlich auf ökonomische Motive zurückzuführen, gewähren uns, wie bereits erwähnt, die Vereinigten Staaten nur eine sehr geringe Ausbeute. Hierher nämlich nahm bald nach dem zweiten Pariser Frieden die regelmäßige Einzelauswanderung ihren Anfang, die seitdem zu jener Massenhaftigkeit angewachsen ist, in Folge deren die Auswanderung ein Gegenstand ernster Beschäftigung für die Nationalökonomen und ängstlicher Besorgniß für kurzsichtige Staatsmänner geworden ist. — Die allgemeinen, in der Wiederherstellung des Friedens nach einem verheerenden Völkerkriege liegenden Ursachen, welche zu einer Erneuerung der Auswanderung den ersten Anstoß gaben, haben wir bereits angedeutet. Zu diesen allgemeinen Ursachen indeß gesellte sich bald noch die besondere Veranlassung schlechter Ernten in den nächsten Jahren nach dem Pariser Frieden. In vielen Gegenden Deutschlands führten dieselben eine förmliche Hungersnoth herbei, und eine allgemeine Geschäftsstockung und Verdienstlosigkeit war die weitere Folge. Schon im Jahre 1816 waren daher die holländischen Häfen mit deutschen Auswanderern angefüllt; im Frühjahr 1817 und 1818 aber sah man sie bereits massenhaft und in großen Zügen*) (nach einer ohne Zweifel außerordentlich übertriebenen Angabe in jedem der beiden Jahre 30,000) den Rhein hinunterfahren, um sich in Holland einzuschiffen. Erst 1819 bewirkten eine bessere Ernte und ein milderer Winter eine Abnahme der freilich immer noch zahlreich Auswandernden.**) Es befanden sich darunter viele

*) S. u. A. Varnhagen von Ense. Denkwürdigkeiten des eignen Lebens. Bd. 9. S. 113.

**) An zuverlässigen statistischen Daten über die deutsche Auswanderung jener Jahre fehlt es durchaus. Auch für die späteren Jahre läßt die Statistik der einzelnen Staaten in dieser Beziehung sehr viel zu wünschen übrig, während von 1820 an in den

Westphalen, Nieder- und Obersachsen, die zum ersten Mal ihren Weg über Bremen und Hamburg nahmen. In den nächsten zehn Jahren nahm eine geringe (nur 1828 ausnahmsweise bedeutendere) Auswanderung ihren stetigen Fortgang nach den Vereinigten Staaten, bis dieselbe sich vom Jahre 1830 an fort und fort zu dem außerordentlichen Umfang der letzten Jahre steigerte.

Die Erscheinungen gemeinsamer Auswanderungsunternehmungen nach den Vereinigten Staaten während dieser und der nachfolgenden Periode bis auf unsere Tage sind dagegen ganz vereinzelt. Für diejenigen, die bloß nach einer Verbesserung ihrer materiellen Lage trachteten, — und nur von diesen soll jetzt die Rede sein — war kein Bedürfniß vorhanden, sich mit Anderen zu Zwecken zu vereinigen, die sie in den Vereinigten Staaten viel besser einzeln zu erreichen vermochten. Die Handwerker unter ihnen fanden in den Städten ein entwickeltes industrielles Leben, die Landleute vermessenes, der Bebauung harrendes und bis in den entfernten Westen bereits durch die Americaner selbst der Civilisation so nahe gerücktes Land in so großem Ueberfluß, daß es gemeinschaftlicher Ansiedelungen zu seiner Besiedelung nicht mehr bedurfte. Die wenigen Gesellschaften, die sich gleichwohl zu solchen Zwecken in Deutschland zusammenthaten, gingen aus einer gänzlichen Unkunde der americanischen Verhältnisse hervor, nahmen ein klägliches Ende und hatten nur den Nutzen, durch ihre von ihren Gründern veröffentlichten traurigen Erfahrungen von der Wiederholung ähnlicher Versuche abzuschrecken.*) Eine 1818 in Bern unter der Führung von Ludwig Gall, Hauptmann Steiger, und Notar Reichenbach zusammengetretene Ansiedelungsgesellschaft ging bald nach ihrer Ankunft in America wieder auseinander. Amtsrath Ernst aus Almenstädt bei Hildesheim brachte es im Jahre 1820 bis zur Gründung einer Kolonie Vandalia in Illinois, die sich aber, nachdem die Kolonisten vom Sumpffieber heimgesucht worden, schnell wieder auflöste.

Im Gegensatz zu diesen verunglückten Expeditionen bewährt sich die Energie gemeinschaftlicher religiöser Ueberzeugungen an einigen noch im ersten Viertel dieses Jahrhunderts vereinzelt vorkommenden religiösen Auswanderungsgesellschaften. Während noch jedes Experiment der

---

Vereinigten Staaten genaue Aufnahmen über Zahl und Nationalität der Einwandernden bestehen, aus denen man zu schöpfen genöthigt ist, wo die deutschen Quellen versiegen.

*) Ludwig Gall. Meine Auswanderung nach den Vereinigten Staaten u. s. w. Trier 1822. S. 6.

Verwirklichung socialistischer Grundsätze auf politischer Basis bisher total verunglückte, haben wir an dem, wenn auch der Natur der Sache nach nur vorübergehenden prosperirenden Bestand dieser religiösen Gemeinschaften das wunderbare Schauspiel eines ganz überraschenden Gelingens der Durchführung communistischer Grundsätze. Dahin gehören die von ihrem Führer sogenannten Bäumler'schen Leute, würtembergische Separatisten, die im Jahre 1817 in Ohio die Ansiedelung Zoar gründeten und dieselbe in kurzer Zeit zu einer nicht gewöhnlichen Blüthe brachten. Hierher dürfen wir auch wohl eine in Canada im Jahre 1822 von einem Mennoniten, Christian Naffziger aus München, gegründete Gemeinde zählen, welche durch spätere Einwanderer noch bedeutend verstärkt wurde. Eine der mit Recht berühmtesten unter allen jemals von deutschen Auswanderern unternommenen Ansiedelungen ist aber die im Jahre 1805 gegründete, noch heute bestehende der Rappisten, einer religiös-communistischen Gemeinde, die freilich schon durch das Princip der Ehelosigkeit ihre eigene Zukunft unmöglich gemacht hat, die aber eine Blüthe erreichte, welche alle ihre Besucher zu einstimmiger Bewunderung hingerissen hat. Auf einer in Pennsylvanien, acht Stunden nördlich von Pittsburgh belegenen Landstrecke gründete Georg Rapp, ein Bauerssohn aus Iptingen in Würtemberg seine Ansiedelung, die „Harmonie", auf der eine angelegentlichst mit dem Studium der Offenbarung Johannis beschäftigte Gemeinde gleichwohl Ackerbau und Industrie mit überraschendem Erfolg betrieb und ihrer Kolonie in kurzer Zeit den Ruf einer wahren Musterwirthschaft verschaffte. Im Jahre 1815 verkaufte die Gemeinde, durch die Gunst localer Verhältnisse verleitet, ihren Grundbesitz an einen Pennsylvanier-Deutschen für 100,000 Dollars und zog mit einem beweglichen Vermögen von weiteren 45,000 Dollars nach der Westgrenze des Staats Indiana, wo sie am Wabash im Posey-Bezirk auf 30,000 Ackerland „New-Harmony" gründete, das sich bald eines nicht minderen Gedeihens als ihre vorige Ansiedelung zu erfreuen hatte. Aber die Ungesundheit des Klimas trieb den größten Theil der Gemeindemitglieder unter der Anführung Rapp's (1824) wieder nach Pennsylvanien zurück. Sie verkauften New-Harmony an den bekannten englischen Socialisten Robert Owen, dessen Versuch, hier seine Grundsätze praktisch zu verwerthen, scheiterte, während die dritte Niederlassung der Rappisten am Ohio in den Grenzbezirken von Pennsylvanien, „Economy", sich bald eben so glänzend entwickelte, wie ihre früheren Ansiedelungen. Im Jahre 1847, wo Löher „Economy" besuchte, fand er noch etwa siebenhundert Mitglieder am

Leben. Seitdem ist Rapp im August 1847, neunzig Jahr alt, gestorben, die Gemeinde aber, deren Leitung Romelius Langenbacher übernahm, bis zum Herbst 1852, wo Wagner und Scherzer auf ihrer Reise durch die Vereinigten Staaten*) die Kolonie besuchten, auf dreihundert Mitglieder zusammengeschmolzen, die ein schuldenfreies Besitzthum von mehr als 3000 Acres, die sie aber schon nicht mehr ohne fremde Beihülfe zu bebauen im Stande waren, und ein Gesammtvermögen von mehr als 2,000,000 Dollars besaßen. Sie sahen der baldigen naturgemäßen Auflösung ihrer Gemeinde mit Ruhe entgegen. — Auf Gütergemeinschaft ist ebenso die Ansiedelung einer anderen deutschen religiösen Secte begründet.**) Im Jahre 1842 versuchte es Christian Metz aus Hessen, die letzten Elemente der seit dem Beginn des achtzehnten Jahrhunderts in allen Theilen Hessens und Badens zerstreut lebenden, allmählig absterbenden Secte der „Inspirirten" zu sammeln, und zu einer Auswanderung nach Amerika zu bewegen. 1843 gründeten sie fünf Meilen von Buffalo die erste Ansiedelung „Ebenezer", auf der sich bald gegen tausend Gleichgesinnte aus Baden, Hessen, Würtemberg und Baiern zusammenfanden, und die nach einem Zeitraum von zehn Jahren einen durch eine blühende Industrie bewirkten, sehr gedeihlichen Fortgang hatte. Wie lange diese Gemeinde Bestand haben wird, muß die Zukunft lehren.

Die Masse derer, die nichts als eine erträgliche Existenz jenseits des Oceans suchten, hätte sich ohne Zweifel noch lange ausschließlich nach den Vereinigten Staaten gewandt, wo in jenen Jahren noch viel weniger als jetzt von Ueberfüllung die Rede sein konnte, wenn nicht das Verlangen anderer transatlantischer Länder nach europäischen Arbeitskräften und die auf dieses Bedürfniß gebaute Speculation sich eines Theils der deutschen Auswanderung bemächtigt und dieselbe nach Süd- und Centralamerica gelenkt hätte. Mit den Versuchen, die deutsche Auswanderung in diesen Ländern zu concentriren, haben wir uns jetzt zu beschäftigen.

Das Bedürfniß nach europäischen Arbeitskräften mußte sich auf dem südamericanischen Continent überall geltend machen, sobald die schwach bevölkerten Staaten desselben, von den Fesseln einer jede Regung commercieller und industrieller Selbstständigkeit gewaltsam nieder-

*) Wagner und Scherzer, Reisen in Nordamerica in den Jahren 1852 und 1853. Leipzig 1854 Bd. I. S. 444 ff.

**) Ebendas. S. 460.

haltenden Kolonialpolitik befreit, den Versuch machen wollten, in die Wege der modernen Cultur einzulenken. Allen diesen Staaten gemeinsam ist eine zu energischer ausdauernder Thätigkeit nach Anlage und Entwickelung durchaus unfähige Bevölkerung. Neben den durch die Wirkungen des Klimas und den Einfluß der spanischen Kolonialpolitik in Trägheit und Sittenlosigkeit verkommenden Weißen südromanischer Race, den Schwarzen und den Indianern, besteht die Bevölkerung in allen Staaten Central- und Südamericas, mit einziger Ausnahme von Chili, aus einem Chaos von Mischlingsracen, die nach einem schrecklichen Naturgesetz alle schlechten Eigenschaften ihrer Erzeuger und obenan den verderblichsten Racenhaß, der in allen südamericanischen Bewegungen eine so hervorragende Rolle spielt, in sich zu vereinigen scheinen. Wenn diese Bevölkerungsverhältnisse und die daraus hervorgehenden anarchischen Zustände von einer Uebersiedelung nach jenen Ländern nur abschrecken konnten, so übt dagegen ihre Lage und natürliche Beschaffenheit, vielgerühmt auch von den gewissenhaftesten Berichterstattern, eine unwiderstehliche Anziehungskraft.

Am frühesten und dringendsten von allen Ländern des südamericanischen Continents sprach sich das Verlangen nach europäischen Kolonisten in Brasilien aus.

Die ersten Spuren einer fremden Kolonisation unter portugiesischer Herrschaft finden sich hier schon in den ersten Jahrhunderten nach der Besitznahme Brasiliens. Die Portugiesen vernachlässigten das neu eroberte Land, welches ergiebige Ausbeute nicht zu gewähren schien, lange Zeit hindurch so sehr, daß sie im sechszehnten Jahrhundert zwei Versuchen französischer Hugenotten, sich dort niederzulassen, kaum einen Widerstand entgegensetzten.*) Seitdem sich aber in Portugal in der Periode seiner Einverleibung in Spanien (1580—1640) der Geist des spanischen Despotismus eingenistet hatte, wurde auch die spanische Politik auf das den Holländern nach achtjährigem Kampf (1653) wieder abgenommene Brasilien in seiner ganzen Strenge zur Anwendung gebracht, besonders seit unter Pedro II. die reichen Goldminen entdeckt worden waren. Die kurzsichtige Ausbeutung der kolonialen Reichthümer, die Unterdrückung jeder Selbstständigkeit im geistigen und wirthschaftlichen Leben wurden jetzt hier, fast noch ärger als in den spanischen Kolonien,

*) Gervinus, Geschichte des neunzehnten Jahrhunderts seit den Wiener Verträgen. Bd. 3. S. 449 ff. — Handelmann, Geschichte von Brasilien. Berlin 1860. 2 Bde. Bd. 1. S. 91 ff. S. 138 ff.

geübt, die Ausschließung der Fremden nunmehr mit der größten Unduldsamkeit betrieben. — Eine Aenderung in diesen Verhältnissen trat erst unter der Verwaltung Pombal's, des reformatorischen Ministers Joseph's I. (1750—77) ein, der die systematische Ausnutzung der Kolonie durch das Mutterland mit einem Erfolg abzustellen suchte, der ihn überdauerte, und Brasilien auf eine Stufe hob, die zu Anfang dieses Jahrhunderts, verglichen wenigstens mit dem fünfzig Jahr früheren Zustand, einen außerordentlichen Fortschritt, namentlich in materieller Beziehung, bezeichnete. Durch die Uebersiedelung der königlichen Familie im Jahre 1808 erfuhr der Zustand des Landes bald einen neuen Aufschwung, der auch die ersten Anfänge eines höheren geistigen Lebens mit sich führte, zugleich aber die Keime der politischen Bewegung, die mit der Unabhängigkeitserklärung Brasiliens endigte, entstehen und rasch zur Reife kommen ließ. In diese Zeit fällt denn auch der erste Versuch der Regierung, dem Landbau durch Heranziehung europäischer Einwanderer neue Kräfte zuzuführen, ein Versuch, zu dem die nächste Veranlassung durch ein bei den meisten südamericanischen Kolonisationsversuchen mitwirkendes, nirgends aber so stark wie in Brasilien hervortretendes Verhältniß gegeben ward. Die Zahl der Sclaven nämlich hatte sich seit 1814, in Folge der Bemühungen Englands für die Unterdrückung des Sclavenhandels, auch hier zu mindern angefangen. Zwar von einem Verbot desselben war für's Erste noch keine Rede. Aber bereits in zwei im Jahre 1810 auf fünfzehn Jahre mit England abgeschlossenen Freundschafts- und Handelsverträgen hatte Brasilien die unmerkliche Abschaffung des Negerhandels versprechen müssen. Spätere Zusätze zu diesen Verträgen bestimmten die Einführung eines Zolls von 6000 Reis für jeden eingeführten Neger, welcher Zoll 1818 auf 15,600 Reis erhöht wurde, wovon die Hälfte einer Bank zur Beförderung von Kolonien weißer Ansiedler zufließen sollte.*) Diese Zollerhöhungen, welche den fast ganz auf die Sclaveneinfuhr beschränkten Handel Brasiliens außerordentlich beeinträchtigten, führten dann zu einem ersten Versuch, die Sclavenarbeit durch freie Arbeit zu ersetzen. Die Regierung lenkte ihre Blicke zunächst auf die Schweiz, wo im Jahre 1818 ein zum Abschluß der erforderlichen Contracte bevollmächtigter Geschäftsträger des Königs mit dem Auftrag erschien, Kolonisten anzuwerben, und zu diesem Zweck mit den zur Beförderung des Unternehmens geneigten Cantonalregierungen in Unterhandlung zu treten. Die

---

*) Gervinus a. a. O. S. 426. 460. 461.

Regierung von Freiburg fand sich dazu bereit. Die portugiesische Regierung machte sich verbindlich, für 500, ungefähr 1500 Seelen starke, Gewerbe oder Ackerbau treibende, mit gerichtlichen Zeugnissen ihres bisherigen Wohlverhaltens versehene Familien katholischer Religion in der Art Sorge zu tragen, daß sie, von dem Tage ihrer Ankunft in einem unfern des Meeres zu bestimmenden Vereinigungsplatz an, auf Rechnung der portugiesischen Regierung verpflegt, eingeschifft und bei ihrer Ankunft in Brasilien sogleich nach dem, von der Regierung für die Gründung einer Kolonie ausersehenen Territorium gebracht werden sollten. Dort sollte jeder Familie in einer landesüblichen Wohnung Unterkunft gegeben, hinlängliches Land und die nöthigen Hausthiere zugetheilt werden, und dieselbe so lange Verpflegung aller Art erhalten, bis sie selbst von dem Ertrage der Ernte ihre Bedürfnisse befriedigen könne.*) Diese Anerbietungen der portugiesischen Regierung wurden mit Erlaubniß der Freiburger Cantonalregierung, von einem eigens hierzu ernannten Agenten, Gachet, den Bewohnern der Schweiz bekannt gemacht, und die Auswanderungslustigen aufgefordert, sich unter Vorlegung ihrer Zeugnisse, bei ihm zu melden. Dieser Agent aber, ein Vorläufer der seitdem leider so häufig auftretenden gewissenlosen Kolonialagenten, raffte in der Schweiz, in Süddeutschland und Holland, ohne Rücksicht auf die Bedingungen der portugiesischen Regierung, lediglich auf den für ihn aus der Beförderung einer möglichst großen Anzahl von Emigranten erwachsenden Vortheil bedacht, eine Schaar von 2000 aus den verworfensten Klassen der Bevölkerungen recrutirten Leuten, unter ihnen sehr viele Protestanten, zusammen, die in einem holländischen Hafen nach Brasilien eingeschifft wurden. Schon auf der Reise wurden viele Hunderte ein Opfer der gewissenlosen Art der Beförderung auf wenigen Schiffen und der unzureichenden und schlechten Verpflegung. Die portugiesische Regierung war anfangs Willens, ihre Versprechungen nur gegen diejenigen Familien zu erfüllen, welche den aufgestellten Bedingungen entsprächen, entschloß sich aber dann, die sämmtlichen Ankömmlinge als Kolonisten anzunehmen und ließ dieselben nach dem vierzig Stunden von der Hauptstadt gelegenen Morro queimado bringen, wo die Kolonisten auf einem für einen enormen Preis angekauften Gebiet in kleinen für sie errichteten Wohnungen zusammengepfercht wurden. Erst nach Monaten dachte man daran, den durch Müssiggang bereits Demorali-

*) J. v. Weech, Brasiliens gegenwärtiger Zustand und Kolonialsystem. Hamburg 1828. S. 218 ff.

firten auch Ländereien zur Bebauung anzuweisen, und diese großentheils in einer Entfernung von acht bis neun Stunden von ihrer Wohnung. Nur einige wenige Familien hatten den Muth, den Aufenthalt in den Urwäldern dem in Novo-Friburgo, wie die Kolonie nun genannt wurde, vorzuziehen; die Uebrigen, welche man gegen Tagelohn zu s. g. Gemeindearbeiten und Verschönerungen der neuen Niederlassung anhielt, blieben daselbst zurück. Als später die Unterstützungen der Regierung sparsamer flossen, schickten sich auch von diesen Viele an, den ihnen angewiesenen Strich Landes zu cultiviren, während die Arbeitsscheuen sich auf der Kolonie einem liederlichen Leben ergaben. Jene besseren Kolonisten aber erzielten mit ihrer Arbeit endlich eine reichliche Ernte, — die sie nur leider nicht verwerthen konnten, weil es an Communicationsmitteln selbst mit den nächsten Märkten gänzlich fehlte. Nirgends hin gebahnte Wege, die vorhandenen so schlecht und gefährlich, daß sie nur bei dem trockensten Wetter mit Maulthieren zu betreten waren, zu deren Anschaffung den armen Kolonisten das Geld fehlte. So geriethen sie in Noth und Elend und mußten, nachdem ihre Ansiedelung der Regierung 3 Millionen Crusados gekostet, schon nach drei Jahren die Mildthätigkeit Europas in Anspruch nehmen. Eine im Jahre 1824 eintreffende Expedition von 342 Deutschen vermochte zur Hebung der verfallenden Kolonie nichts beizutragen. Novo-Friburgo erhielt sich als eine schlecht gelegene Stadt, deren Einwohner sich kümmerlich von Viehzucht und Handwerken ernähren. Die beabsichtigte Gründung einer für den Landbau förderlichen Ansiedelung aber war gänzlich gescheitert. —

Dieser Hergang ist für die überwiegende Mehrzahl der gouvernementalen Gründungsversuche südamericanischer Kolonien typisch. Die Regierungen haben zum großen Theil löbliche Absichten, übertragen aber die Ausführung nur zu oft gewissenlosen Beamten und Speculanten; jene versäumen die Beschaffung der für die Existenz der Kolonisten unerläßlichen Anstalten und Communicationswege, diese kommen der Geneigtheit gewissenloser Gemeinden, sich ihrer schlechten Subjecte, aber auch ihrer hülflosen Mitglieder, Krüppel und Greise auf bequeme Weise zu entledigen, durch ihre Anerbietungen entgegen und getrösten sich des jammervollen Schicksals der von ihnen in's Unglück Gestürzten mit dem Gelingen ihres Geschäfts.

Besser gedieh eine nach der Unabhängigkeitserklärung Brasiliens von dem Kaiser Dom Pedro I. im Jahre 1825, in der Provinz Rio Grande do Sul unweit Porto Allegre gegründete Kolonie, San Leopoldo. Die bei Novo-Friburgo gemachten Erfahrungen hatten die Regierung vorsichtiger, sowohl in der Wahl der den Kolonisten anzuweisenden Ländereien, als in der Art der Anwerbung und Behandlung dieser letzteren gemacht. Die Lage der Ansiedelung ist eine vorzügliche; gleichwohl hat es zu ihrem Gedeihen der enormsten Geldopfer von Seiten der Regierung bedurft. In einem Zeitraum von sieben Jahren hat dieselbe c. 350,000 Thlr. für die Kolonie verausgabt.*) Von 1825 bis 1854 wurden 1300 auf Regierungskosten eingewanderte Familien mit 6145 Köpfen und noch 1347 Unverheirathete nach San Leopoldo befördert. Am 1. Januar 1854 zählte der Ort 11,172 Kolonisten, darunter 4604 Katholiken und 6508 Protestanten, wozu noch 4000 Brasilianer kommen. Aber schon seit dem Jahre 1852 ist auf dem mehr als 32 geographische Quadratmeilen großen Areal für neue Einwanderer kein Platz mehr, so daß seit jenem Jahre keine Kolonisten mehr aufgenommen werden. Vielmehr sah sich in den letzten Jahren ein Theil der Kolonisten aus Mangel an Raum zur Gründung der neuen Kolonien Conventos, Estrella, Santa Maria da Bocca de Monte, Santa Maria de Soledade und S. Angelo genöthigt, in Folge dessen die Bevölkerung von San Leopoldo 1857 auf 10,000 Köpfe zusammenschmolz.**) Was endlich das Leben auf dieser Kolonie anbetrifft, so charakterisirt Capitän Hörmeyer, einer der wärmsten Vertheidiger der Auswanderung nach Brasilien, dasselbe als ein ausschließlich materielles. So sehr der materielle Wohlstand der Kolonie anzuerkennen ist, „geistige Thätigkeit ist daselbst schlechterdings keine anzutreffen.“***) Aehnlich lautet auch das Urtheil des neuesten, aus eigener Anschauung urtheilenden Berichterstatters über diese Kolonien, des um die Kenntniß der wahren Beschaffenheit der brasilianischen Kolonien hochverdienten Dr. Avé-Lallemant.†) Bei aller Begeisterung für die individuelle Tüchtigkeit und

---

*) Nach der Angabe eines den brasilianischen Kammern im Jahre 1855 vorgelegten officiellen Berichts der Generaldirection der öffentlichen Ländereien, bei Charles Reybaud, le Brésil. Paris 1856 p. 189. — Man vergl. auch: „Die deutschen Kolonien in Brasilien, welche auf Staats- oder Provinzkosten gegründet oder erhalten wurden. Bericht für 1859 in den (vom Capt. J. Hörmeyer herausgegebenen) Actenstücken brasilischer Seite, Jahrgang II. Heft I. Leipzig 1860. S. 17 ff. Hier wird die Gesammtsumme der Auslagen, welche die Regierung seit der Gründung der Kolonie San Leopoldo zu bestreiten hatte, auf c. 500 Contos de Reis (c. 420,000 Thlr.) angegeben.

**) S. den oben angeführten Bericht in den Actenstücken.

***) Südbrasilien von Capitän J. Hörmeyer, Hamburg 1857.

†) Reise durch Südbrasilien im Jahre 1858. Von Dr. Robert Avé-Lallemant,

die einfachen Sitten der in und um San Leopoldo lebenden Kolonisten, täuscht sich doch der ehrenwerthe Reisende nicht über die Schattenseiten und die Unnatur einer dem ursprünglichen wie dem neuen Vaterlande gleich entfremdeten patriarchalischen Existenz.

Mit diesem Unternehmen tritt in der brasilianischen Kolonisation für längere Zeit ein Stillstand ein. Die politischen Stürme, wie sie in Brasilien von dem Tage seiner Unabhängigkeitserklärung (25. März 1824) bis zum Jahre 1846 fast ununterbrochen tobten, ließen eine planmäßige Entwickelung der Hülfsquellen des Landes nicht aufkommen. Bis zum Jahre 1831, wo Dom Pedro zur Niederlegung der Krone gezwungen wurde, kommen noch einige vereinzelte Kolonisationsunternehmungen vor, wie die 1825 von San Leopoldo aus gegründete kleine Kolonie Tres Forquilhas mit gegenwärtig 444 Einwohnern; die in demselben Jahre auf einem, von brasilianischen Privatbesitzern in Anspruch genommenen, und den Kolonisten in langjährigen Prozessen streitig gemachten Boden gegründete, San Pedro d'Alcantara das Torres; die 1828 in der Provinz Santa Catharina auf unvermessenem Lande gegründete San Pedro d'Alcantara, deren erste aus 146 Familien bestehende Kolonisten elf Monate in Desterro auf Regierungskosten verpflegt werden mußten, bis sie im Jahre 1829 in Besitz ihrer, den beständigen Angriffen der Indianer bloßgestellten Ländereien gesetzt werden konnten, auf denen jetzt ungefähr 200 im Wohlstand befindliche Familien wohnen;*) die 1828 in der Provinz Parana gegründete Kolonie Rio Negro u. A. Von 1831—1847 aber war von Heranziehung europäischer Kolonisten nach Brasilien kaum mehr die Rede, — bis das Zusammentreffen consolidirterer Zustände mit einem neuen tödtlichen Schlag für den Sclavenhandel die Kolonisationsfrage in den Vordergrund der Interessen Brasiliens drängte und zu der Lebensfrage für das Land gestaltete, als welche sie heute mehr als je betrachtet wird. —

Trotz des England vertragsmäßig zustehenden und mit der größten Strenge geübten Durchsuchungsrechts nämlich, war es den Sclavenschiffen noch immer gelungen, jahraus jahrein 50,000 Sclaven in den unzähligen Buchten einer 500 Meilen langen, unbewachbaren Küste zu landen.**) Diesem Zustande nun war die am 8. August 1845 von

---

2 Bde. Leipzig 1859. Reise durch Nordbrasilien im Jahre 1859. 2 Bde. Leipzig 1860. M. vgl. über San Leopoldo, Südbrasilien, Bd. 1. S. 125 ff.

*) Avé-Lallemant, Südbrasilien Bd. 1. S. 161 ff.

**) Reybaud, p. 136.

dem englischen Parlament votirte Bill-Aberdeen ein Ende zu machen bestimmt, indem sie den englischen Admiralitätsgerichten, anstatt der bisherigen gemischten Gerichte, die Entscheidung über die Schuld angehaltener brasilianischer Schiffe übertrug und in Folge dessen für die englischen Kreuzer das ohne Zweifel exorbitante Recht in Anspruch nahm, Sclavenschiffe bis in die brasilianischer Jurisdiction unterworfenen Küstengewässer zu verfolgen. Die brasilianische Regierung nahm, um der Ausführung dieser Gewaltsmaßregel vorzubeugen, nunmehr die Unterdrückung des Sclavenhandels selbst energisch und mit so entschiedenem Erfolg in die Hand, daß die Sclaveneinfuhr nach Verlauf von wenigen Jahren ganz aufgehört hat.

Die nächste Folge dieser Unterdrückung aber war ein empfindlicher Mangel an Arbeitskräften auf den Fazenden der großen Gutsbesitzer in den Provinzen Rio de Janeiro, San Paulo und im Norden von Minas Geraes, ein Mangel, welchem die Erkenntniß der Regierung von der Nothwendigkeit der Heranziehung europäischer Kolonisten zur Hebung des brasilianischen Landbaues in den südlichen Provinzen Santa Catharina und Rio Grande zur Seite ging. Dem doppelten Bedürfniß sollte daher auch in zwiefacher Weise abgeholfen werden. Für die letztgenannten Provinzen, die, schwach bevölkert, eine große Menge unbebauten und unbesetzten Landes besitzen, denen es an größeren Grundbesitzern oder Capitalisten fehlt, galt es die Gründung neuer Staats- oder Privatkolonien, auf denen die Kolonisten, wenn auch anfänglich von der Regierung oder den Privatgesellschaften unterstützt, doch das ihnen überwiesene Land für eigene Rechnung und Gefahr bebauen sollten. In jenen anderen nördlicheren Provinzen dagegen, wo eine dichtere Bevölkerung das Land überall in Besitz genommen, wo Industrie und Handel die Bewohner reich gemacht, wo die Klasse der großen, sehr vermögenden Fazendeiros in erster Linie als die Repräsentanten des Wohlstandes und der Interessen des Landes zu betrachten ist, hier fehlte es nicht, wie im Süden, an Kolonisten, die das herrenlose Land verwerthen, den Wald wegsam machen, der Erde Früchte entlocken sollten, hier fehlten dem großen Grundbesitzer die Arbeiter, die man nun aus Europa, insbesondere aus Deutschland herbei zu ziehen suchte.

Die 1845 in der Nähe von Rio de Janeiro auf einem dem Kaiser persönlich gehörenden Terrain gegründete Kolonie Petropolis, mit etwa 5000 Einwohnern, unter denen ungefähr 2500 Deutsche, gehört in keine der erwähnten Kategorien. Ihrer ursprünglichen Bestimmung als Ackerbaukolonie ist die Niederlassung schon seit längerer Zeit gänzlich entfremdet. Petropolis ist die Sommerresidenz des Hofes, und ein Bade- und Erholungsort für die Einwohner von Rio de Janeiro, deren Bedürfnisse die Beschäftigung der Kolonisten bestimmen. —

Die ersten wirklichen Kolonien der neuesten Periode fallen in das Jahr 1847, wo nach einer längeren Reihe von Jahren zum ersten Mal wieder eine größere Anzahl von Einwanderern für Brasilien geworben war. Die früheren Erfahrungen der Regierung schienen sie aber noch nicht vorsichtiger in der Wahl des Bodens für die von ihr anzulegenden Kolonien gemacht zu haben. Nördlich von Desterro auf dem Festlande wurde für einen Theil der neuen Ankömmlinge die Kolonie Piedade gegründet, auf einem so schlechten Boden, daß die Mehrzahl der Kolonisten alsbald wieder davon ging. — Besser gedieh und gedeiht die mit einer Anzahl im December 1846 gänzlich hülflos in Rio de Janeiro eingetroffener Auswanderer*) bevölkerte Ansiedlung St. Izabel, welche ungefähr sechs Stunden von der Küste, auf sehr fruchtbaren Ländereien in Santa Catharina angelegt wurde. Die ursprüngliche Anzahl der Ansiedler betrug 250 Köpfe, welche sich gegenwärtig auf über 500 vermehrt haben.**) — Von größerer Bedeutung für die deutsche Auswanderung nach Brasilien, als die eben genannten, sind die beiden in der Provinz Santa Catharina in den nächstfolgenden Jahren von Privatgesellschaften gegründeten Kolonien Donna Franzisca und Blumenau, als diejenigen Unternehmungen, die als die bisher gelungensten Versuche, deutsches Leben nach Brasilien zu verpflanzen, betrachtet werden müssen, und daher in ihren Erfolgen als Maßstab für das überhaupt bis jetzt Erreichbare dienen können. — Die Kolonie Donna Francisca wurde auf den Ländereien gegründet, welche dem Prinzen von Joinville, als ein Theil der Mitgift seiner Gemahlin, der Prinzessin Donna Francisca gehörten, und welche von seinem Bevollmächtigten Aubé an eine in Hamburg gebildete Actiengesellschaft im Jahre 1849, unter der Bedingung der Einführung einer bestimmten Anzahl von europäischen Kolonisten, abgetreten wurden. Die Gesellschaft constituirte sich unter dem Namen: „Hamburgische Kolonisationsgesellschaft von 1849." Die Arbeiten für die Gründung begannen im Jahre 1850 auf dem Gebiet von San Francisco, in einer Entfernung von etwa zwei deutschen Meilen von der Stadt gleichen Namens, am rechten Ufer des Rio Cachoeira. Am

*) Avé-Lallemant, Südbrasilien Bd. 1. S. 140ff.
**) Actenstücke I. Heft. II. Jahrg. S. 26.

7. März 1851 trafen die ersten deutschen und schweizerischen Kolonisten am Bord des Schiffes Colon ein, denen sich bald 74 Norweger anschlossen, die, auf dem Wege nach Californien über Rio, für die neue Kolonie gewonnen waren. Im April wurden ihnen ihre Ländereien zugewiesen. — Bis Ende des Jahres 1854 betrug die Zahl der in Donna Francisca Angesiedelten 1194. Im folgenden Jahre kamen neue Contracte zwischen dem „Kolonisationsverein" einerseits und der brasilianischen Regierung und dem Prinzen von Joinville andrerseits zu Stande. Mit der im Februar 1856 erfolgenden Uebernahme der Direction der Kolonie durch den mehrgenannten Bevollmächtigten des Prinzen von Joinville, eines tüchtigen und gewandten Mannes, der bis vor Kurzem, wo er seine Entlassung nahm, seinen bleibenden Aufenthalt in Donna Francisca hatte, kam auch eine bessere Ordnung in die früher vielfach gestörten Verhältnisse der Kolonie. 1857 gewährte die Regierung der Kolonie, außer den früher zugesagten Subventionen für Wege, Kanalisirung, Kirchen, Pfarren und Schulhäuser, wie die fortschreitenden Bauten es erforderlich machten, bedeutende Summen zu ferneren Flußarbeiten, zur Erbauung eines Gerichts- und Gefängnißgebäudes u. s. w., und bewilligte namentlich den Bau einer von dem Ingenieur der Kolonie tracirten, für die Verbindung mit dem Innern höchst wichtigen Straße über das Gebirge. — 1859 führten neue Verhandlungen zwischen dem Kolonisationsverein und der Regierung, nachdem die letztere durch den früheren Minister, Pedreira de Conto Ferraz, eine officielle Besichtigung der Kolonie hatte vornehmen lassen*), zum Abschluß eines neuen vom 1. Juli 1859 datirten Contractes, kraft dessen sich der Verein namentlich verpflichtet, innerhalb 5 Jahren wenigstens 2500 Personen im Alter von 5 bis 45 Jahren in die Kolonie einzuführen; die Regierung dagegen u. A.: dem Kolonisationsverein für jeden einzuführenden Kolonisten im Alter von 10 bis 45 Jahren 50 Milreis und für jedes Kind von 5 bis 10 Jahren 30 Milreis, bei Nachweisung der geschehenen Einschiffung, zu vergüten; dem Verein 4 Quadrat-Leguas Land an der neuen Straße nach Coritiba und fernere 4 Quadrat-Leguas am rechten Ufer des Itapocu zu billigem Preise zu überlassen; in möglichst kurzer Frist den Bau der Gebirgsstraße zu beenden und zu die-

*) S. die deutschen Ackerbaukolonien in Santa Catharina. Ihre Lage und ihre Zukunft, dargestellt in den Berichten des kaiserlich. brasilianischen Staatsraths Linz Pedreira de Conto Ferraz. Deutsch von Otto Köhler. Hamburg 1859.

sem Zweck mindestens 2500 Milreis monatlich anzuweisen. — Die Verhältnisse des Kolonisationsvereins blieben gleichwohl der Art, daß er sich veranlaßt fand, im Mai d. J. der Regierung eine Uebernahme des ganzen Unternehmens unter den zu einem gedeihlichen Fortbestande nothwendig erscheinenden Garantien, vorzuschlagen, eventuell um directe Unterstützung zu ersuchen. Während die Regierung für eine Uebernahme den Zeitpunkt noch nicht für geeignet hielt, bewilligte sie in einem Zusatzartikel zu dem Kontracte vom 1. Juli dem Verein eine Subvention von 15 Contos auf 3 Jahre.*) — Gegen Ende des Jahres 1859 betrug die Zahl der Kolonisten 2475, darunter 446 Katholiken und die Uebrigen Protestanten. In den verschiedenen Districten der Kolonie befanden sich 596 Wohnhäuser, die Zahl der angewiesenen und verkauften Grundstücke stieg auf 1380. Die Kolonisten bauen Kaffee, Zucker, Reis, Mais, Mendioca, Taback, Ricinus, Bohnen u. s. w., und finden für ihre Producte guten Absatz in der Hafenstadt San Francisco, welche mit Rio de Janeiro und St. Catharina durch eine 1853 unterbrochene, 1855 wieder hergestellte regelmäßige Dampfschifffahrt verbunden ist. An gewerblichen, von zum Theil sehr wohlhabenden Kolonisten betriebenen Anlagen, findet sich eine beträchtliche Anzahl. Alle nöthigen Handwerke sind vertreten. 1855 constituirte sich die Kolonie, nachdem eine größere Anzahl ihrer Glieder sich hatte naturalisiren lassen, zur Gemeinde. Die Provincialregierung von St. Catharina hatte einen Polizeirichter und mehrere Polizeibeamte aus der Zahl der Kolonisten ernannt. Die Kirchen- und Schulangelegenheiten werden durch eine besondere aus dem protestantischen Prediger und mehreren Kolonisten gebildete Behörde geleitet. Der Schulunterricht wird von drei Lehrern in dem „Joinville“ genannten Stadtgebiet an einer Hauptschule ertheilt. Die öffentlichen Bauten umfaßten im Jahre 1859 die Errichtung eines Gerichtshauses, den Ausbau eines provisorischen Hospitals, die Fortführung des Baues einer katholischen und einer protestantischen Kirche, die Verlängerung mehrerer alten und die Anlagen neuer Straßen, unter denen besonders die Serrastraße, an der bis Februar d. J. 7350 Brassen hergestellt waren. Um diese Zeit waren auf der Kolonie an guten fahrbaren, zum Theil vorzüglichen Straßen c. 11½ deutsche Meilen hergestellt. Für den daselbst herrschenden Geist legt die neuerdings erfolgte Grün-

*) Neunter Bericht der Direction des Colonisationsvereins von 1849 in Hamburg im September 1860. Hamburg.

bung eines „Culturvereins" zu dem Zweck, den neuen Anzüglern berathend und helfend an die Hand zu gehen, durch öffentliche Vorträge und Versuche auf dem Gebiet der Landwirthschaft und der Gewerbe nützliche Kenntnisse zu verbreiten und überhaupt allen gemeinnützigen Interessen seine Aufmerksamkeit und Thätigkeit zuzuwenden, sowie das Bestehen einer Freimaurerloge, eines Kranken und Sterbekassenvereins u. s. w., das beste Zeugniß ab. Donna Francisca zeichnet sich, auch nach dem Zeugniß Avé-Lallemant's, vor allen übrigen brasilianischen Kolonien, durch eine großentheils aus den gebildeten Ständen recrutirte, der europäischen Cultur und Sitte auch in der neuen Heimath treugebliebene Bevölkerung aus. Das Bestehen dieses Unternehmens und seine fernere Entwickelung wird, wie sich schon aus dem Obigen ergiebt, auch nach dem Urtheil Avé's, erst dann gesichert sein, wenn die Regierung die Verwaltung der Kolonie selbst in die Hand nimmt.

Wie Donna Francisca, so gehört auch die Kolonie Blumenau am Itajahi zu denjenigen, deren Gründer sich nicht auf die einfache Verwerthung ihres Landbesitzes beschränkten, sondern auch nach geschehenem Verkauf desselben, das Interesse der Kolonie wahrzunehmen und dieselbe durch Verwendung mehr oder weniger beträchtlicher Capitalien zu fördern suchten, während andere seit 1850 gegründete Privatkolonien, wie Rincao d'El Rey, Mundo novo, San Lourenço u. A., nachdem sie ihre Ländereien an die Kolonisten veräußert, das Fortkommen derselben lediglich ihrer eigenen Sorge überlassen.

Dr. Blumenau hatte im Beginn seiner Unternehmung (1848) mit den größten Schwierigkeiten zu kämpfen, die sein eigenes, darauf verwendetes, nicht unbeträchtliches Capital völlig verschlangen und die Existenz seiner Kolonie zu vernichten drohten. 1850 kaufte er am großen Itajahifluß einen Landstrich, der durch eine Schenkung der Provinzialregierung soweit vergrößert wurde, daß sein ganzes Besitzthum etwa 155,000 preußische Morgen umfaßte, die sich später ungefähr verdoppelt haben. Im Jahre 1851 bewilligte ihm die brasilianische Regierung eine vorschußweise Unterstützung von 10 Contos de Reis (c. 7500 Thlr.), die denn auch zu einer gedeihlichen Entwickelung seiner Kolonie zu führen schien, namentlich seit es ihm gelungen, im Jahre 1854 mit der Regierung einen für ihn sehr vortheilhaften Contract abzuschließen, durch den ihm u. A. ein zinsfreies Darlehn gewährt ward. „Die steilsten und schwierigsten Staffeln in dem Dasein der jungen Kolonie", sagt Dr. Blumenau selbst in seinem letzten Bericht,*) der, wie alle Veröffentlichungen dieses Mannes, das Gepräge voller Wahrheit an sich trägt, „scheinen erstiegen, die gefahrvollen Krisen, welche ihrem Bestehen und Aufblühen Verderben bringen konnten, überwunden zu sein. Die Kolonie kann jetzt als fest begründet nach innen und außen angesehen werden; ein größerer Unglücksfall, ein schlechtes Jahr, kann ihre weitere Entwickelung etwas verzögern, aber nicht gefährden; eine geringe Einwanderung die Vergrößerung nach außen, nicht aber diejenige des inneren Wohlstandes aufhalten." Gleichwohl gingen Blumenau's Hoffnungen nicht in Erfüllung, die kleine Kolonie, (1857: 468 Seelen in 102 Feuerstellen) hatte mit neuen, ihr Gedeihen hemmenden Schwierigkeiten zu kämpfen,**) in Folge deren die Regierung eine Besichtigung auch dieser Kolonie durch den obengenannten Pedreira de Conto Ferraz anordnen ließ***) und neuerdings die Verwaltung derselben ganz übernahm.†)

Neben den beiden zuletzt besprochenen, ist noch eine im Jahre 1849 von der Regierung der Provinz Rio Grande do Sul selbst gegründete Kolonie Santa Cruz zu nennen. Auch diese, wie alle übrigen deutschen Kolonien in Brasilien (über welche man sich früher nur aus officiellen Actenstücken und zu ganz bestimmten amtlichen oder geschäftlichen Zwecken veröffentlichten Kolonialberichten und statistischen Zusammenstellungen unterrichten konnte) lernt man aus der liebevollen und beredten Schilderung Avé-Lallemants††) gewissermaßen persönlich kennen, so lebendig weiß er uns die neue Heimath der Kolonisten, so anschaulich ihr Leben und Treiben bis in die kleinsten Züge vorzuführen. — Die Gründung der Kolonie datirt vom Jahre 1849 her. Unter großen Mühen und Kämpfen entwickelte sie sich, gefördert namentlich von dem trefflichen früheren Präsidenten der Provinz von Rio Grande de Sul, Cataneao de Sinimbu. Ursprünglich wollte man nur 2000 Kolonisten haben; doch übersteigt die Zahl der Bewohner schon 2500 Seelen, die dem Urwald in kurzer Zeit zum Theil bewunderswerthe Resultate abgerungen haben. Doch fehlt auch hier noch unendlich viel, selbst zum materiellen Gedeihen der Kolonie. Die Wege sind über alle

*) Die deutsche Kolonie Blumenau in der Provinz Santa Catharina in Südbrasilien. Bericht über das Jahr 1857. Von Dr. H. Blumenau. Rudolstadt 1858.

**) Avé-Lallemant, Südbrasilien Bd. 2. S. 187 ff.

***) Die deutschen Ackerbaukolonien in Santa Catharina. S. 11 ff.

†) Allgemeine Auswanderer-Zeitung vom 31. August d. J.

††) Südbrasilien, Bd. 1. S. 196 ff.

Maßen schlecht, oft sollen sie Wochenlang nicht zu passiren sein. Niemand will sein gutes Lastthier riskiren. „Deswegen wird der Transport der Producte auch ungeheuer theuer; ja es giebt Sachen, z. B. Bohnen, die durch den Transport aus den ferneren Kolonien bis zum Fachinal (dem Platz, welcher der Centralpunkt, die „Villa" der Kolonie zu werden bestimmt ist) schon den dritten Theil ihres Werthes kosten." —

Je fester aber die brasilianische Regierung entschlossen war, das Gedeihen des Landes durch eine möglichst umfassende Kolonisation zu fördern, desto klarer mußte sich ihr bald die Ueberzeugung aufdrängen, daß der erfolgreichen Ausführung dieses Entschlusses ein Umstand hindernd im Wege stehe, dessen schleunige Hinwegräumung als die unerläßliche Vorbedingung des Gewinns einer den Bedürfnissen genügenden Einwanderung erschien. Wenn nämlich die brasilianische Regierung die kaum nennenswerthen Erfolge aller schon bisher gemachten Anstrengungen zur Ermunterung der Einwanderung, deren Umfang sich auf die Zahl von höchstens 20,000 Kolonisten*) belaufen mochte, mit dem Umfang der den Vereinigten Staaten ohne Zuthun der dortigen Regierung zuströmenden verglich, so mußte sie sich sagen, daß ein Haupthebel dieser freien Kolonisation der Union in der vollkommenen dort seit lange her bestehenden Regelung des Landverkaufs und der daraus erwachsenden Sicherheit des Besitzes bestehe. Diesem Zustand musterhafter Ordnung gegenüber boten die Bodenverhältnisse in Brasilien das der traurigsten Verwirrung dar. Die Hindernisse einer durchgreifenden Beseitigung dieses Zustandes waren und sind doppelter Art. Auch hier, wie in den Vereinigten Staaten, will die Kolonisation sich, von der Küste her vordringend, über ein ungeheures Ländergebiet verbreiten; aber während sie durch eine schwache und energielose Race vertreten ist, stellen sich ihr in der Verwilderung einer Jahrhunderte alten Bevölkerung von Abenteurern die unüberwindlichsten Schwierigkeiten in den Weg. Dazu kommt, daß von Seiten der Regierung von Anfang her nichts geschehen war, um die öffentlichen Ländereien ihrem Umfang nach festzustellen. Es war vielmehr eine Art bedingter Verleihung von Besitztiteln eingeführt, welche der unberechtigten Besitzergreifung des öffentlichen Eigenthums von Seiten der Privaten den bedenklichsten Vorschub leistete. Von den Zeiten der Eroberung Brasiliens her hatten die Könige von Portugal Ländereien unter der Bedingung des Anbaus innerhalb einer bestimmten Frist, die sogenannten sesmarias, verliehen.

*) Reybaud, p. 201.

Der so verliehene Besitztitel wurde aber nicht nur von Anderen, sondern selbst von der Regierung so wenig respectirt, daß es ganz gewöhnlich war, dasselbe und zwar völlig unvermessene Land verschiedenen Individuen nacheinander verliehen, von demjenigen aber, der es factisch in Besitz genommen, mit Erfolg behauptet zu sehen. Dieser Zustand der Dinge hatte dann eine durch die mangelnde Communication und die ungeheure Ausdehnung des Reichs beförderte Praxis zur Folge, nach welcher die Besitzergreifung öffentlicher Ländereien ohne jede Concession zur Regel wurde.*) Zu welcher Unsicherheit der Besitzverhältnisse diese Zustände führten, haben wir zum Theil schon bei Gelegenheit der ersten Kolonisationsversuche der brasilianischen Regierung erfahren. Wie furchtbar aber die Folgen dieses Uebels waren, ergiebt sich aus einer Aeußerung des Ministerpräsidenten im brasilianischen Senat gelegentlich einer Discussion über diesen Gegenstand im Jahre 1848: Zwei Drittheile der Mordthaten in einer nicht zu den uncivilisirtesten gehörenden Provinz rührten nach seiner Ueberzeugung von Streitigkeiten über Landbesitz her! Diesem Zustand der Dinge hatte die Regierung bereits vor der Unabhängigkeitserklärung durch verschiedene in den Jahren 1808, 1809 und 1822 erlassene Verfügungen vergebens zu steuern gesucht. Den Entwurf zu einem umfassenden Gesetz über die Vermessung der öffentlichen Ländereien brachte dann die gegenwärtige Regierung im Jahre 1843 vor die Kammern, von denen es aber erst nach siebenjähriger Discussion, nachdem der hartnäckige Widerstand der Anhänger des Alten und aller derer, die sich durch das neue Gesetz beeinträchtigt glaubten, gebrochen war, endlich am 18. September 1850 angenommen wurde. Das sogenannte lei das terras devolutas sucht durch geeignete Vorschriften den Werth geltend gemachter Besitztitel festzustellen, hebt die Verleihung von sesmarias für die Folge auf, und ordnet die genaue Vermessung der als solcher unbestritten anerkannten öffentlichen Ländereien und die Art des Verkaufs derselben an. Mit der Ausführung dieses Gesetzes wurde eine eigene Verwaltung, das allgemeine Staats-Landamt, beauftragt. Aber erst vier Jahre später konnte dasselbe seine Thätigkeit beginnen; denn erst am 30. Januar 1854 erschien das die Ausführung des Gesetzes ermöglichende Reglement.

*) Aus den Verhandlungen des brasilianischen Senats über diese Angelegenheit bei van der Straten-Ponthoz, Le budget du Brésil. Bruxelles 1854. III. p. 33. Vgl. für das Folgende ebendas. S. 35 u. S. 262 ff. und bei Hörmeyer a. a. O. S. 212 ff.

Dasselbe ordnet, bis zur definitiven Regulirung der Ansprüche von Privatbesitzern, die vorläufige Inangriffnahme der unbezweifelt dem Staate gehörigen Ländereien mittelst Vermessung, Eintheilung und Verkauf an. Die Provinzialregierungen sollen, wie das Reglement ferner bestimmt, sobald sie die in ihren Provinzen befindlichen unbesetzten Staatsländereien zur Vermessung und Parcellirung behufs des Verkaufs gelangen lassen wollen, specielle Landämter niedersetzen. — Es bestehen solche gegenwärtig in 9 Provinzen. — Die Vermessungen wurden nun in verschiedenen Theilen des Reiches gleichzeitig begonnen, freilich, wie es die Verhältnisse des Landes und der Bevölkerung mit sich bringen, nicht in der Weise, daß, wie in den Vereinigten Staaten, das Innere des Landes einer freien Kolonisation eröffnet werden könnte, welche vor Allem von der einheimischen, stetig vordrängenden Bevölkerung selbst betrieben, die neubesiedelten Gebiete sofort in unmittelbaren physischen und moralischen Zusammenhang mit ihren Ausgangspunkten bringt, und es dem fremden Einwanderer möglich macht, wo immer er sich dieser Kolonisation anschließt, sich alsbald als freies Glied eines großen Staatsorganismus zu fühlen. — An einer solchen selbstthätigen Förderung des Kolonisationswerks von Seiten der einheimischen Bevölkerung fehlt es in Brasilien durchaus; nicht aber an sehr energischen und erfolgreichen Versuchen der großen Grundbesitzer, die Bemühungen der Regierung zur Herbeiziehung freier Einwanderer zu vereiteln, und namentlich dem Werk der Landvermessung, durch welche sie ihre Sonderinteressen, die Sclavenarbeit, das Monopol der besten Ländereien und die Grundsteuerfreiheit auf das empfindlichste bedroht sehen, Schwierigkeiten in den Weg zu legen. Die fremden Einwanderer konnten daher bis heute nur an einzelnen, vorher sorgfältig für sie vorbereiteten Punkten angesiedelt werden, an Punkten, die mit der Küste durch, wenn auch mangelhafte Communicationswege, mit dem Innern des Landes aber in gar keiner Verbindung stehen. — Dem officiellen Bericht des General-Landamts für 1859*) zufolge standen bis dahin der kaiserlichen Regierung erst acht Territorien zu Gebote, welche 32 Quadrat-Leguas (ungefähr 18 deutsche Quadratmeilen) enthalten.

Für die deutsche Auswanderung kommen überdies nur die südlichen Provinzen des Reichs in Betracht, da das Klima des Nordens eine Kolonisation durch Bewohner der gemäßigten Zone geradezu unmöglich macht, wie es noch neuerdings eine kläglich gescheiterte Unternehmung,

*) S. Actenstücke Brasilischer Seite. Jahrg. I. Heft 6. S. 22ff.

die Gegend am Mucuri in der Provinz Bahia mit deutschen Einwanderern zu bevölkern, auf das traurigste bestätigt hat.*) Das jammervolle Loos der durch Hunger und Krankheit decimirten deutschen Ansiedler in jener Gegend, — einer Strecke von 57 Leguas, welche man zum Zweck der Herstellung einer Verbindung der Provinz Minas-Geraes mit dem Meer dem Urwald entreißen und kolonisiren wollte, — hat die Regierung im März v. J. zu helfendem Einschreiten und im Juli v. J. zur Absendung eines Specialcommissarius nach der Kolonie veranlaßt, dessen Bericht**) freilich die dortigen Zustände noch in einem sehr milden Licht darzustellen suchte. Nachdem jedoch den neuesten Nachrichten zufolge der Abschluß einer Anleihe, deren der Gründer der Kolonie, Ottoni, zur Fortführung seines Unternehmens dringend bedurfte, trotz der ihm vom Senat bewilligten Zinsgarantie von 7 % nicht gelungen und Ottoni jede fernere Unterstützung der Regierung für seine Mühe versagt ist, darf der Versuch, den Norden Brasiliens mit Deutschen zu kolonisiren, hoffentlich als für immer aufgegeben betrachtet werden. — Im Süden aber suchte das neueingesetzte General-Landamt die Kolonisation durch Unterstützung theils schon bestehender, theils neu zu gründender Ansiedlungsunternehmungen zu fördern. Das System der Staatskolonien, auf denen den Anziehenden außer unentgeldlich überwiesenen Ländereien noch zum Theil Geldunterstützungen gegeben worden waren, dieses System, in der Rückkehr zu welchem Avé-Lallemant das einzige Heil der brasilianischen Colonisation erblickt, hatte sich bisher so wenig bewährt, daß man es nunmehr ganz aufzugeben und dagegen den Privatkolonien, auf welchen der Ansiedler, wenn auch unter Creditbewilligung, das Land kaufen muß, jede mögliche Förderung angedeihen zu lassen entschlossen war. Der mit den deutschen Kolonien Donna Francisca und Blumenau in der Provinz St. Catharina in jener Zeit neu abgeschlossenen Contracte haben wir bereits Erwähnung gethan. Aehnliche Contracte wurden im Laufe des Jahres 1855 mit dem Grafen Montravel für die Gründung einer Kolonie in der Provinz Rio Grande do Sul, in der Nachbarschaft von San Leopoldo, am Cahy-Fluß; mit Henrique de Vernejoult für eine kleinere Niederlassung im Mu-

*) M. vgl. Am Mucuri. Eine Waldgeschichte aus Brasilien. Von Dr. Robert Avé-Lallemant. Hamburg 1859. — Noch ausführlicher in desselben Verfassers Reise durch Nordbrasilien im Jahre 1859. Bd. 1. S. 211 ff. Bd. 2. S. 344 ff.

**) Actenstücke Brasilischer Seite. Jahrg. I. Heft 7. S. 1 ff.

nicipium von Santo-Antonio da Petrulha in derselben Provinz, u. A. abgeschlossen. Alle diese Kolonien betrachtet die Regierung als einen Kern, an den sich eine ausgedehnte Kolonisation allmählig ansetzen soll. Darauf sind die in den Contracten gemachten Zugeständnisse berechnet, deren Gewährung durchgängig von einer Verpflichtung der Unternehmer abhängig gemacht ist, eine gewisse Anzahl von Einwanderern, 90 pCt. Landbauer und 10 pCt. Handwerker, innerhalb einer bestimmten Frist auf den von ihnen bereits angelegten oder noch anzulegenden Kolonien anzusiedeln. Die Unterstützung der Regierung erfolgt meistens in Form einer, für jeden Einwanderer zu leistenden, je nach dem Alter variirenden Prämie. — Die Erfahrung, daß keine der bisherigen Privatunternehmungen die Einwanderung in einem dem angestrebten Ziel auch nur annähernd entsprechenden Umfang zu fördern vermocht hatte, hat im Jahre 1857 zu der Gründung eines mit den reichsten Mitteln ausgestatteten „Kolonisations-Centralverein" zu Rio de Janeiro geführt. Der von der Regierung mit dem Centralverein abgeschlossene Vertrag*) bewilligt demselben ein zinsenfreies Darlehn von 1000 Contos (ungefähr 750,000 Thlr.) für den Zeitraum von fünf Jahren, eine Beihülfe zu den Kosten der Einführung jedes einzelnen Einwanderers, sowie eine Reihe anderer Vortheile und Vergünstigungen; dagegen übernimmt der Centralverein die Verpflichtung, für die ihm per Kopf zu bewilligende Staatshülfe 50,000 Kolonisten, sei es für Rechnung Dritter, sei es für eigne Rechnung, innerhalb fünf Jahren in Brasilien einzuführen, darunter mindestens zu vier Fünfteln Ackerbauer und höchstens zu einem Fünftel Handwerker und Industriearbeiter. Die so Eingeführten sollen theils auf neu zu errichtenden, großen Kolonisationsmittelpunkten angesiedelt, zum Theil für Rechnung von Privaten unter Vorschuß der Beförderungskosten engagirt werden. Das Wirken des Centralvereins, den die Regierung noch im März d. J. durch die von ihr vorgenommene Wahl seines Präsidenten als ihr Organ anerkannte, hat sich jedoch namentlich durch die umfassende Anwendung, welche der Verein bei dem verunglückten Versuch der Kolonisation des Mucuri von der letzterwähnten Befugniß gemacht hat, als sehr unheilvoll erwiesen. — Eben diese Befugniß zum Engagement von Kolonisten für Rechnung von Privaten erinnert uns, daß wir bisher nur die freie Ansiedlung der Einwanderer in Brasilien betrachtet haben, nunmehr aber

---

*) Allg. Ausw. Ztg. vom 15. u. 22. Mai 1857.

schließlich auch noch der Mittel näher zu gedenken haben, wie das oben besprochene Bedürfniß der großen Grundbesitzer, einen Ersatz für die mangelnden Sclaven zu suchen, durch Heranziehung deutscher und schweizerischer Arbeitskräfte zu befriedigen versucht worden ist.

Man hätte mit den anzuwerbenden Arbeitern, wie es in den australischen Kolonien geschieht, einfache Verdingungscontracte abschließen können, kraft deren unbemittelten Einwanderern die Passagekosten vorgeschossen werden, wogegen dieselben in ein Dienstverhältniß zu treten haben, welches sie erst nach erfolgter Rückbezahlung jenes Vorschusses aus einem voraus bestimmten Lohn, wieder lösen dürfen. Auch in Brasilien würde man auf diesem Wege Arbeiter aus Europa haben gewinnen können. Statt dessen glaubte man ein anderes System einführen zu müssen, welches dem Arbeiter ein besseres Loos in Aussicht zu stellen scheint, zugleich aber ihn dauernder an seinen Dienstherrn zu fesseln geeignet ist. Man führte das Halbpachts- oder Parceriasystem ein. Dieses System, welches in Südeuropa seit langer Zeit in Anwendung ist und namentlich in Oberitalien zu sehr befriedigenden Resultaten geführt hat,*) beruht einfach darauf, daß der Halbpächter mit dem Eigenthümer des Grundstücks den Ertrag der Ernte theilt. Was aber die Einführung dieses Verhältnisses in Brasilien sofort mißlich erscheinen läßt, ist der Umstand, daß es dort nur auf gänzlich unbemittelte Einwanderer anwendbar ist, in Folge dessen aber ausnahmslos mit einer aus dem Vorschuß der Reisekosten und des einstweiligen Unterhalts bis zum Verkauf der ersten günstigen Ernte erwachsenden Verschuldung des Halbpächters gegen den Fazendeiro beginnt. Sich aus dieser Verschuldung wieder herauszuarbeiten, kann bei anhaltend guten Ernten und unermüdlichem Fleiß des Halbpächters in einzelnen Fällen gelingen; die überwiegende Mehrzahl aber wird dadurch in einen Zustand factischer Sclaverei versetzt, die um so furchtbarer erscheint, als die brasilianischen Contracte alle Mitglieder einer in Halbpachtsverhältniß tretenden Familie für die Bezahlung solidarisch verhaftet erklären, keinem Verschuldeten aber die Kolonie zu verlassen erlauben, bevor er nicht seine Schuld getilgt hat. Diese Bestimmung der Contracte, welche die Kinder verschuldet verstorbener Halbpächter ganz in die Gewalt der Grundeigenthümer giebt, sowie die andere, welche den Fazendeiros das Recht zuerkennt, den Contract mit allen darin enthaltenen Verbindlichkeiten

---

*) Vgl. Mill Grundſ. der politischen Oekonomie, deutsch von A. Soetbeer. Hamburg 1852. Bd. 1. S. 314.

auf jeden andern Grundbesitzer zu übertragen,*) — diese Bestimmungen würden schon allein hinreichen, das System, wie es in Brasilien zur Anwendung gebracht wird, zu verurtheilen, auch wenn alle sonst gegen diese Anwendung erhobenen Klagen unbegründet wären.

Eingeführt wurde das Parceriasystem in Brasilien von dem Senator Vergueiro, welcher im Jahre 1847 auf seiner Besitzung Ibicaba in der Provinz San Paulo mit 400 schweizerischen Einwanderern eine s. g. Kolonie auf Halbpacht gründete. Dem Beispiel Vergueiro's folgten im Jahre 1852 andere große Grundbesitzer und gründeten in diesem und den folgenden Jahren in den Provinzen San Paulo und Rio de Janeiro eine Reihe von Halbpachtskolonien, wie Independencia, Sta. Justa, Sta. Rosa, das Coroas, S. Jeronimo, S. Lourenço u. A.

Aber der Erfolg dieser Unternehmungen entsprach den Erwartungen der großen Grundbesitzer bei Weitem nicht. Die Zahl der europäischen Arbeiter, die mit Halbpachtscontracten hatte engagirt werden können, war im Ganzen immer noch höchst gering, auf sämmtlichen Gütern zusammen gegen 2500 Köpfe. Auch hier sollte die Regierung durch umfassende Maßregeln aushelfen. Der größte Theil eines im Jahre 1856 von den Kammern zum Zweck der Kolonisation des Landes bewilligten Credits von 6000 Contos de Reis mußte, um die immer lauter werdenden Klagen der großen Grundbesitzer zu beschwichtigen, auf die Herbeischaffung von Arbeitern für die Halbpachtskolonien verwandt werden. Daß auch die dem Centralverein für Kolonisation 1857 bewilligte Unterstützung zum Theil wieder zur Engagirung von Arbeitern, welche als Halbpächter oder Tagelöhner Verwendung finden sollen, bestimmt war, haben wir bereits oben erwähnt.

Inzwischen ist durch einen auch dem größeren Publikum bekannt gewordenen Vorgang, in der deutschen und schweizerischen Presse gegen das Halbpachtsystem ein Sturm heraufbeschworen worden, der zu einer leidenschaftlichen Erörterung der Vorzüge und Nachtheile der Auswanderung nach Brasilien überhaupt und zu einem beträchtlichen, großentheils sehr unerquicklichen Zuwachs der Auswanderungsliteratur geführt hat.

Auf der Vergueiro-Kolonie nämlich war 1856 ein förmlicher Aufstand ausgebrochen. Schweizerische, im Jahre 1855 ausgewanderte Ko-

*) Thomas Davatz, die Kolonisten in der Provinz St. Paulo in Brasilien. Chur 1858, wo sich das Formular eines Halbpachtscontracts als Beilage Nr. 1 abgedruckt findet. Die im Text besprochenen Bestimmungen finden sich im Art. 5. sub 6; Art. 8. u. 10.

lonisten lehnten sich gegen ihren Dienstherrn, von dem sie schändlich übervortheilt und mißhandelt zu sein behaupteten, auf. Von dem an der Spitze der Unzufriedenen stehenden Schullehrer Davatz erging ein Hülferuf an die Regierung des Cantons Graubündten. Diese wandte sich an den Regierungsrath des Cantons Zürich mit dem Ersuchen, den Auswanderungsagenten Paravicini in Zürich, durch dessen Vermittlung die Auswanderungsgesellschaft befördert war, für den Lehrer Davatz persönlich in Anspruch zu nehmen. Der Agent erklärte sich im Namen des Hauses Vergueiro bereit, die Kosten zu übernehmen, wenn von der Regierung Jemand nach der Kolonie geschickt werde, um die Zustände und Verhältnisse der Kolonisten zu erforschen. Man vereinigte sich dahin, dem Dr. Heusser diesen, auf Ersuchen der Regierungen von Bern, Unterwalden, Glarus und Aargau auch auf ihre Angehörigen auszudehnenden Auftrag zu ertheilen. Dr. Heusser reiste im November 1856 ab. In seinem an die Direction der Polizei des Cantons Zürich erstatteten Bericht (Zürich 1857) unterwirft er die Beschwerden der Kolonisten der Reihe nach einer gründlichen Prüfung, findet dieselben großentheils begründet und gelangt zu dem Schluß, „daß die Wahrscheinlichkeit für einen Auswanderer auf diesen Kolonien glücklich zu werden, nicht viel größer sei, als die, in der Lotterie das große Loos zu gewinnen.“ Während nun dieser Bericht von der einen Seite zum Ausgangspunkt für die maßlosesten Angriffe gegen Brasilien gemacht wurde, erhoben sich auf der anderen Seite eine Reihe von Vertheidigern der Auswanderung nach diesem Lande, welche die Glaubwürdigkeit des Heusser'schen Berichts insbesondere auf Grund eines Schreibens anfechten zu können glaubten, welches Heusser noch während seines Aufenthalts in Brasilien an Vergueiro gerichtet, und in welchem er die ganze Schuld in dem zwischen Vergueiro und den Halbpachtskolonisten ausgebrochenen Streit diesen Letzteren beimißt. Wie es sich indeß damit verhalte: es liegen andere unanfechtbare Zeugnisse vor, welche uns zu einer Beurtheilung der Lage der Halbpachtskolonisten vollkommen in den Stand setzen. In Veranlassung der Auftritte auf der Vergueiro-Kolonie hat nämlich auch die Brasilianische Regierung einen Vertrauensmann in der Person des Appellationsgerichtsraths Manoel de Jesus Valdetaro auf die Halbpachtskolonien abgeordnet und mit einer Untersuchung der Beschwerden der Kolonisten beauftragt. Der über diese Untersuchung erstattete Bericht erklärt die Unzufriedenheit der Kolonisten unter Anderem aus dem Mangel sowohl an einer nothwendigen Oberaufsicht der Kolonien, als an einer guten

Rechtsverwaltung. Die in den Contracten festgesetzten Friedens- und Schiedsgerichte seien in dieser Hinsicht unzulänglich, weil sie keine hinreichende Garantie für ihre Unparteilichkeit und Gerechtigkeit gegen die Kolonisten böten. In der Thronrede sodann, mit welcher der Kaiser von Brasilien am 3. Mai 1857 die Kammern eröffnete, erklärt er „die Sicherstellung des Looses der Einwanderer für nöthig" und verheißt „ein Gesetz, welches dem Einwanderer volles Vertrauen auf sein Adoptivvaterland einflößt." Deutlicher als diese Aeußerungen der Thronrede spricht sich der dem brasilianischen Reichstag übergebene Bericht des Ministers des Innern über die Maßregeln, welche die Regierung im Interesse der Auswanderer für nothwendig hält, aus. Der Bericht erklärt, daß die Regierung sich überzeugt habe, daß die gegen die Halbpachtskolonien erhobenen Anklagen theils unbegründet, theils übertrieben seien, daß aber gleichwohl auf mehreren derselben diese und jene Mißstände obwalteten, welche nothwendig beseitigt werden müßten. Es gelte ferner, im Interesse der Kolonisten Garantien zu schaffen, welche sie dauernd gegen die Willkür der Grundherren sicherstellen, und hält hiezu einmal die Bestellung eines besonderen, ausschließlich das Interesse der Parceriakolonisten wahrnehmenden Syndikats und zweitens die Einsetzung eines Specialgerichtshofs für alle Streitfälle zwischen den betreffenden Kolonisten und den Grundeigenthümern für erforderlich. — Daß die Dinge auf den Halbpachtskolonien schlimm stehen müssen, kann nach diesen officiellen Mittheilungen für Niemand zweifelhaft sein, der den vorsichtig gewählten Ausdrücken solcher Documente den richtigen Sinn unterzulegen weiß. Es liegen uns überdieß die Urtheile zweier Männer vor, denen jedes persönliche Interesse bei ihren Urtheilen über Brasilien durchaus fern liegt und deren Zeugniß auch die Vertheidiger Brasiliens in dieser Angelegenheit für um so unverwerflicher werden gelten lassen müssen, als sie sich wiederholt auf das Urtheil des Einen über das Heusser'sche Verfahren und auf das Lob berufen, welches Beide anderen brasilianischen Kolonisationsunternehmungen ertheilen. — Der bekannte schweizerische, neuerdings mit einer auf die Lage der schweizerischen Kolonisten in Brasilien bezüglichen officiellen Mission von seiner Regierung betraute Naturforscher v. Tschudi und der wiederholt genannte Dr. Avé-Lallemant sprechen, ersterer in seinen 1857 in der Augsb. Allgem. Zeitg. veröffentlichten Reisebriefen aus Brasilien, letzterer in seinem mehrerwähnten Reisewerk über Brasilien ein entschiedenes Verdammungsurtheil über die Halbpachtskolonien aus. Der mehrgenannte warme Vertheidiger Brasiliens, Hörmeyer, endlich urtheilt: „daß selbst die in Aussicht stehenden, (— noch heute unausgeführten —) das Verhältniß der Halbpächter gesetzlich regelnden Bestimmungen kaum im Stande sein werden, diesem System eine größere Lebenskraft zu geben."

Fassen wir unser Urtheil über die des deutschen Auswanderers in Brasilien harrenden Aussichten zusammen, so bietet nur die Ansiedlung auf den freien Kolonien die Möglichkeit einer erträglichen Existenz. Einen irgend beträchtlichen Bruchtheil der deutschen Auswanderung für sie zu gewinnen, wird aber auch den neuesten zu ihrer Hebung ergriffenen Maßregeln, — die neuerdings in Aussicht gestellte Regelung der Nationalitätsverhältnisse und die damit in Verbindung stehende, bisher versagte Anerkennung der Mischehen mit eingeschlossen, — nicht gelingen.*) Ein Land, dessen einheimische Bevölkerung in tiefste Trägheit versunken, in dem der Wegebau noch auf der niedrigsten Stufe steht**) und das daher die Kolonisten nur an einzelnen, mit ungeheueren Geldopfern und Anstrengungen hergestellten, auch so noch von geistiger und physischer Communication mit einem civilisirten Gesammtleben abgeschnittenen Punkten aufzunehmen vermag, kann die europäische Auswanderung nicht in irgend nachhaltiger Weise an sich ziehen, auch wenn so ungeheuere Mißgriffe, wie das wenigstens indirect von der Regierung beförderte Mucuri-Unternehmen, welches der brasilianischen Kolonisation den größten Eintrag gethan und insbesondere das von der Preußischen Regierung im v. J. erlassene Verbot aller Engagements nach Brasilien herbeigeführt hat, nicht wieder vorkommen. „Staats- und Privatkolonien," sagt Hörmeyer, leiden gemeinsam an der Härte der Entbehrungen, welche sie Jahre hindurch ihren ersten Ansiedlern auferlegen." — „Endlich ist der Ansiedler zu einer oder mehreren Ernten gelangt; reich, ja überreich hat der jungfräuliche Boden seine Mühe gelohnt: — er steht inmitten seiner Reichthümer rathlos da, und muß wegen Mangels an guten Wegen, welche ihm erlauben würden, in gewohnter deutscher Weise seine Waare hoch zu Wagen selbst zu Markt zu bringen, sie um einen Spottpreis an den Besitzer von Saumthierheerden verschleudern, welche überall die Aufkäufer machen und die Preise in ihrer Hand haben." Noch härter lautet das Urtheil des neuesten glaubwürdigen Reisenden Avé-Lallemant,

*) Einer dem Bericht des General-Landamts für 1859 anliegenden statistischen Tabelle zufolge hatte Brasilien, (abgesehen von den Halbpachtskolonien in der Provinz Rio de Janeiro und einigen wenigen Kolonien, welche bereits in den ordentlichen Gemeindeverband übergegangen sind, wie Petropolis u. A.) im Ganzen 55 Kolonien mit einer Kolonistenbevölkerung von 33,970 Köpfen.

**) Avé-Lallemant in seinem mehr erwähnten Reisewerk, überall.

der, bei aller Begeisterung für die Zukunft der deutschen Kolonisation in Südbrasilien, bei aller Anerkennung der redlichen Absichten der Regierung, doch die Folgen ihres bisher befolgten Systems, für die Einführung von Kolonisten Prämien zu bewilligen und dem Widerstand der großen Grundbesitzer gegen die freie Einwanderung zu Gunsten des „pestbringenden Systems der Tagelöhnerei, des Frohndienstes, des Knechtseins, des Parceria- oder Halbpartwesens“ nachzugeben, als so unheilvoll erkannt, daß er am Schluß seiner Schilderung der Vorgänge auf der Mucuri-Kolonie zu dem Schluß gelangt: „Keine, keine Auswanderung nach Brasilien, keine andere als die auf freiem Boden, von freien Leuten, von freien Arbeitskräften, in gesunder Gegend und nur im Süden des Kaiserreichs.“ Ob sich die Hoffnungen, die derselbe Verfasser später in einem Nachwort zu seinem Werk, an die neuerdings eingetretene entschiedene Abwendung der Regierung von dem Mucuri-Unternehmen knüpft, erfüllen werden, muß die Zukunft lehren. Am härtesten endlich lautet v. Tschudi's Urtheil, der schon 1857 dem Centralverein für Kolonisation in Rio de Janeiro, nachdem derselbe ungeheuere Summen nutzlos vergeudet und es sich unmöglich gemacht habe, mit dem Rest seine Verbindlichkeit zu erfüllen, ein trauriges Ende in unfähigen Händen, wie es so viele ähnliche Unternehmungen gefunden, voraussagt, den Agricultur- und materiellen wie geistigen Culturzustand in den schwärzesten Farben schildert und zu dem Schluß gelangt, daß es unter den gegenwärtigen Verhältnissen einem ordentlichen Familienvater nicht wohl anzurathen sei, nach Brasilien auszuwandern.*)

Bei allen Mängeln Brasiliens inzwischen hat es doch vor fast allen central- und südamericanischen Republiken den großen Vorzug politisch geordneter Zustände voraus. Alle diese Republiken, mit einer einzigen Ausnahme, bieten seit ihrer nach fünfzehnjährigem Kampf errungenen Freiheit von der spanischen Herrschaft das niederschlagende Schauspiel einer, nur von Zeit zu Zeit durch die Militairherrschaft eines Dictators unterbrochenen, politischen und socialen Anarchie.

Von dieser traurigen Regel macht nur Chili eine erfreuliche Ausnahme, die sich zumeist daraus erklärt, daß dieser Staat von dem auf allen übrigen Staaten lastenden Fluch der Mischracen fast ganz befreit geblieben ist. Hier waren schon zur Zeit der Eroberung die aus Peru eingewanderten Conquistadoren auf eine Bevölkerung von India-

*) Man vgl. auch Handelmann, Geschichte von Brasilien in der Vorrede S. VIII ff. und die Schlußbetrachtung, Bd. 2. S. 933 ff.

nern gestoßen, die ihren Angriffen entweder schnell erlag oder vor ihrer Knechtschaft in den fernen Süden flüchtete, um sich dort in einem fast zwei Jahrhunderte dauernden Kampf fernerer Angriffe zu erwehren.*) Hier sammelte sich daher von Anfang an eine ungemischte Bevölkerung von Ansiedlern, die den Boden, der keinen raschen Goldgewinn, aber einen sicheren Lohn der fleißigen Arbeit versprach, selbst bebauen mußten und denen sich die Bewohner der arbeitsamsten spanischen Provinz, die von Jugend auf an harte Thätigkeit gewöhnten und dem Feldbau geneigten Gallizier anschlossen, während die handeltreibenden Catalanen nach Mexiko, die trägen und adelsstolzen Biskayer nach Peru zogen. Während Bürgerkriege und die von einem Uebermaß von Negern oder Indianern unzertrennlichen Uebel das benachbarte Peru schon frühzeitig erschütterten, blieb Chili von beiden verschont. Diese bessere Gestaltung der chilenischen Zustände machte sich denn auch weiterhin in dem Befreiungskampf der Kolonien wohlthätig geltend. Hier gab es zur Zeit der Erhebung keine übermächtigen privilegirten Klassen, die bürgerliche Physiognomie aller Verhältnisse, die den Europäer jetzt in Chili um so angenehmer überrascht, je vereinzelter diese Erscheinung auf dem südamericanischen Continent dasteht, trat schon damals, in Folge des geringeren auf dieser Provinz lastenden Drucks, des größeren Einflusses der bürgerlichen Gutsbesitzer und der europäischen Verbindungen und Ideen zugänglichen Kaufleute, sowie einer glücklicheren Gütervertheilung unter den verschiedenen Klassen der Bevölkerung, hervor. — Den eigentlichen Ausgangspunkt für den gegenwärtigen Zustand Chili's bildet die Ernennung des General Prieto zum Präsidenten im Jahre 1830, welcher, nachdem die radicale Partei durch die Niederlage bei Lircay niedergeworfen war, den Eintritt einer dauernden, seitdem durch keine nachhaltige Störung unterbrochenen Ordnung der Verhältnisse bezeichnet. Die Erwählung des gegenwärtig regierenden Präsidenten, Manuel Montt, der als Conservativer und Bürgerlicher von der Militärpartei und den Radicalen in einem blutigen Aufstand bekämpft wurde, versetzte das Land nach längerer Ruhe wieder in eine bedenkliche aber bald überwundene Krisis, aus der es sich zu stetig wachsendem Wohlstand und Gedeihen erhoben hat. Die Ueberzeugung, daß dieser gedeihliche Zustand sich noch unendlich würde steigern lassen, wenn es nur möglich

*) S. Eduard Pöppig's Reise in Chili, Peru und auf dem Amazonenstrom, während der Jahre 1827. 32 I. 437 ff. Vgl. auch für das Folgende: Gervinus, Geschichte des neunzehnten Jahrhunderts III. 148 ff. IV. 743 ff.

wäre, das auch hier, wie überall in Südamerica bestehende Mißverhältniß zwischen der Bevölkerung und der Größe des Landes auszugleichen, veranlaßte den gegenwärtigen Präsidenten, damaligen Minister, schon 1845, die Kolonisation dazu geeignet scheinender Landestheile durch fremde Einwanderer anzubahnen. — Leider war der Erfolg dieser Bemühung bisher ein äußerst zweifelhafter. Die Gründe dafür sind zunächst in der Lage und natürlichen Beschaffenheit des Landes zu suchen. Jene macht eine Fahrt um das Cap Horn, eine unter allen Umständen höchst beschwerliche Reise, nothwendig. Was diese anlangt, so kommen für uns, als die einzigen der Kolonisation von der Regierung eröffneten Gegenden nur die südliche Provinz Valdivia und die in der Magelhaens-Straße gegründete Niederlassung in Betracht. Die Letztere haben auch die eifrigsten Beförderer der Auswanderung nach Chili nicht als einen wünschenswerthen Ansiedlungspunkt zu empfehlen gewagt. Es ist eine traurige, unfruchtbare, von aller Civilisation weit entlegene Gegend, zu deren Bebauung die chilenische Regierung deutsche Kolonisten durch außerordentliche Vergünstigung einzuladen vergebens versucht hat. Ursprünglich zur Aufnahme von Verbrechern bestimmt, reducirte sich die Kolonie seit der im Jahre 1851 daselbst stattgehabten blutigen Meuterei, auf einen Militärposten von etwa 25 Mann, welche kaum im Stande schienen, den benachbarten Wilden im Fall eines Angriffs Widerstand zu leisten, und auf einige freie Ansiedler, zum Theil frühere Verbrecher, zum Theil von der Regierung besoldete deutsche Handwerker, von denen aber die Mehrzahl es dort nicht auszuhalten vermochte und nach Valdivia zurückkehrte.

Die große Fruchtbarkeit der Provinz Valdivia ist seit Jahren durch die Schilderungen der besten Gewährsmänner, wie Pöppig u. A. außer Zweifel gestellt. Gleichwohl ist der Zustand der Communicationswege auch hier wieder ein so mangelhafter, daß eine Kolonie nur bei sorgfältigster Auswahl ihres Ansiedlungsgebiets auf eine gedeihliche Entwicklung würde hoffen können. Der natürliche Wasserreichthum der Provinz bedarf einer Pflege, die ihm bis jetzt nur in sehr geringem Grade zu Theil geworden ist. Die am Fuß der Cordilleren gelegenen größeren und kleineren Landseen versorgen die Provinz mit mehreren schönen Flüssen, unter denen die vorzüglichsten der Tolten aus dem Villarica-See, der Callé-calle aus dem Rinigue und der Rio-bueno aus dem Ranco entspringen. Trotz ihrer verhältnißmäßig geringen Länge sind diese Flüsse wegen ihrer stellenweise sehr seichten Wasser, nur auf kurzen Strecken schiffbar. Für eine Verbesserung des Fahrwassers geschieht auch hier, — wo bei allen vergleichsweisen Vorzügen des Volkscharakters und der Regierung doch eine für den Europäer überraschende Indolenz das ganze öffentliche und Privatleben durchdringt, — so wenig, daß selbst da, wo das Fahrwasser mit geringer Mühe und unbedeutendem Kostenaufwand durch Fortschaffung aufgehäufter Baumstämme offen gehalten werden könnte, — wie z. B. zwischen der Stadt Valdivia und dem Hafen Coral, — niemals daran gedacht wird, die Schifffahrtshindernisse zu beseitigen. Eigentlich werden nur die der Stadt Valdivia und dem Hafen Coral zunächst fließenden Wasserstraßen, hauptsächlich zur Betreibung des Holzhandels befahren, während sowohl der Tolten im Norden, wie auch der Rio bueno im Süden, welcher letztere ein natürlicher Abzugscanal für die Producte der Departements Union und Osorno sein könnte, ganz unbenutzt bleiben. Die Communication der Provinz ist daher fast ausschließlich auf schlechte, namentlich während der Regenzeit völlig unfahrbare Straßen beschränkt.

Die ersten deutschen Ansiedler in Valdivia erschienen im Juli 1846. Im Jahre 1848 kaufte eine Stuttgarter Gesellschaft für nationale Auswanderung und Kolonisation dort eine Landstrecke, und sandte schon im November desselben Jahres eine Anzahl Ackerbauer und Handwerker dahin ab. Diese ersten Kolonisten fanden in der von dem Mittelpunkt des chilenischen Staatslebens weit entlegenen, vom Norden durch das Gebiet der Araukaner getrennten Provinz, die bisher von der Entwicklung des übrigen Landes noch wenig berührt worden war, eine nicht nur indolente und unwissende, sondern auch gegen die fremden Anzügler böswillige Bevölkerung. Ein im November 1850 von der Regierung ernannter Commissar, Vicente Perez, meldete in einem an den Minister des Innern erstatteten Bericht*) über seine Sendung, daß der Eigennutz der Valdivianer den Kolonisten ihre Ansiedlung auf jede Weise erschwert habe. Ländereien, die vor seiner Ankunft verlassen und unangebauet dagelegen, hätten mit einem Mal Eigenthümer gefunden, welche sich entweder zu verkaufen weigerten, oder einen unerschwinglichen Preis für ihre Ländereien in der Stadt Valdivia oder deren Umgegend forderten. Nur hier nämlich, als bei dem einzigen einen Absatz ihrer Producte für die Kolonisten in Aussicht stellenden Platz, war überhaupt eine Ansiedlung möglich. Denn außer Valdivia zählt die Provinz nur noch die einzige Stadt Osorno und mehrere kleine Ortschaften, die jedoch kaum den Namen von Dörfern verdienen.

---

*) B. E. Philippi, Neueste Nachrichten über die Provinz Valdivia. Cassel 1852. S. 5 ff.

Von dem Zustand des Ackerbaues der schwachbevölkerten Provinz giebt es einen Begriff, daß noch im Jahre 1826 für die kleine in Valdivia liegende Garnison Mehl von Valparaiso aus geschickt werden mußte.*) Keine Handbreit Landes konnte der Commissar der Regierung, nach seinem eigenen Ausdruck, in der Provinz als unbestrittenes Regierungsland in Anspruch nehmen, ausgenommen Landstriche, „die durch ihre ungünstige Lage, ihre mit Flüssen durchbrochenen Gebirge und gänzliche Unwegsamkeit die Habsucht nicht gereizt hatten und zu Kolonisationszwecken nicht brauchbar waren.“ Endlich fand sich durch die uneigennützige Abtretung der zwischen den Flüssen Calle-calle und Cruces im Westen der Stadt Valdivia gelegenen kleinen Insel Valenzuela von Seiten des Eigenthümers, ein zur Ansiedlung geeignetes Land. Gleichzeitig wurden nach Ankunft fernerer Kolonisten, deren Beförderung durch eine 1850 eingerichtete regelmäßige Packetfahrt von Hamburg nach Valdivia erleichtert wurde, Versuche mit Ansiedlungen im Innern des Landes gemacht. Im Laufe des Jahres 1850 trafen aus Deutschland, wohin die Regierung 1849 einen Agenten für die Auswanderung in der Person des Major Philippi geschickt hatte, auf verschiedenen Schiffen 215, im Jahre 1851: 245, und 1852: 581 Einwanderer ein. Ihr Loos gestaltete sich höchst bescheiden, aber nicht traurig. Ihr Einfluß auf die Entwickelung der Stadt und ihrer Umgebung, auf die Thätigkeit der trägen Bevölkerung, die sich durch den deutschen Fleiß endlich zur Nachahmung angespornt fühlt, wird als der wohlthätigste geschildert. Ackerbau und Industrie, die bis jetzt auf der niedrigsten Stufe gestanden, fingen an aufzublühen. Man sah Korn- und Sägemühlen, Brauereien und Gerbereien, Dinge von denen der Valdivier bis dahin keine Vorstellung gehabt, durch deutsche Hände entstehen. Die einfachsten Producte des Landbaues, die bisher von außen hatten bezogen werden müssen, wurden jetzt auf den deutschen Ansiedlungen in Fülle hervorgebracht; selbst die Stadt, in welcher 500 Deutsche leben, bekam bald ein anderes civilisirteres Ansehen.**) Gleichwohl nahm die Zahl der Auswanderer in den nächsten Jahren wieder ab. Die mühselige und langdauernde Art der Beförderung schien ein unüberwindliches Hinderniß einer irgend beträchtlichen Immigration. Im Jahre 1853 finden wir nur 243, 1854 nur 139 und 1855 nicht mehr als 164 Auswanderer nach Chili in den officiellen statistischen Nachweisen verzeichnet. Der

---

*) V. Perez-Rosales. Essai sur le Chili. Hambourg 1857. p. 269.
**) Perez-Rosales a. a. O. S. 275.

Präsident, unter dessen unmittelbare Aufsicht ein Gesetz vom 2. Juli 1852 die bereits gegründeten oder noch zu gründenden Kolonien gestellt hatte, machte daher große Anstrengungen, der Einwanderung einen neuen Aufschwung zu geben. Er setzte eine eigene Commission zur Beförderung des Einwanderns von Feld- und Bergbauern ein, und ernannte an den verschiedenen europäischen Plätzen Agenten, unter ihnen den bereits oben erwähnten Perez Rosales zum Consul in Hamburg, zu dem Zweck, für die Auswanderung nach Chili, der sie neue Vortheile zu bieten ermächtigt wurden, thätig zu sein. Eine officiöse Broschüre*) schien bestimmt, diesen Agenten vorzuarbeiten. Noch größere Vortheile als den nach Valdivia Auswandernden wurden denen geboten, die sich zur Niederlassung auf einem von der Regierung zur Kolonisation besonders ausersehenen, nach dem Binnensee gleiches Namens „Territorium Llanquihue" genannten, im Süden von Valdivia belegenen Gebiet entschließen möchten. Der Erfolg dieser Bemühungen der Regierung mußte sie aber bald belehren, wie voreilig auch hier wieder die unerläßlichsten Vorbedingungen eines auch nur erträglichen Gedeihens deutscher Ansiedlungen außer Acht gelassen waren. Denn zunächst zwar verfehlten die Anerbietungen der Regierung, wonach den Einwanderern nach Valdivia u. A. zollfreie Einfuhr aller Betriebsmittel, fünfzehnjährige Befreiung von allen Personalsteuern, vierzehn Tage lang nach Ankunft unentgeltliches Unterkommen und acht Tage lang unentgeltliche Lebensmittel im Hafen von Coral, billiges Land und endlich die für arme Auswanderer ebenso anlockenden, wie regelmäßig verderblichen Vorschüsse, den Auswanderern nach Llanquihue aber noch günstigere Bedingungen gewährt wurden, ihren Zweck nicht. Im Jahre 1856 erhob sich die Zahl der Immigranten in Chili auf 793, von denen 405 nach dem zum Hafen der neuen Kolonie bestimmten Puerto Montt gingen. Dieser Hafen aber hätte den geeigneten Markt für die Producte der Kolonisten, zu welchem er ausersehen war, nicht abgeben können, selbst wenn die Kolonie vorhanden gewesen wäre, weil der Weg von demselben nach den zur Bebauung bestimmten Ländereien vorläufig, wie alle übrigen Wege des Gebiets, noch nicht vorhanden oder in einem völlig unbrauchbaren Zustand war. Die bei der Ankunft der ersten Kolonisten noch gar nicht vermessenen Ländereien selbst werden von glaubwürdigen Berichterstattern als ein Gebiet dichter, sumpfiger Wäl-

*) Le Chili, considéré sous le rapport de son agriculture et de l'émigration européenne, par Benj. Machenna (du Chili) Paris 1855.

der geschildert, deren mühseliger Anbau durch die dort in jeder Jahreszeit häufigen Regen noch erschwert werde. Die neu gegründete Stadt Montt oder Melipulli, wie der etwa vierzig Häuser zählende Ort früher hieß, am Meerbusen von Reloncavi, dessen viele Strömungen und Untiefen die Einfahrt für größere Segelschiffe schwierig und gefahrvoll machen, kann sich vermöge ihrer Lage nie zu irgend einer Bedeutung erheben. Diese Mißstände machten sich denn auch alsbald nach der Ankunft der ersten Kolonisten in so bedauerlicher Weise geltend, daß Herr Perez sich bewogen fand, die hamburgische Auswanderungszeitung „Hansa" im Juni 1857 zu der Erklärung zu ermächtigen, „daß die Auswanderung nach der Kolonie Llanquihue in diesem Jahr nicht rathsam erscheine, weil die zur Sicherung der Zukunft der Auswanderer daselbst in Angriff genommenen Arbeiten noch nicht beendigt seien." 1857 fiel denn auch die Zahl der Auswanderer nach Chili schon wieder auf 404, unter denen noch 98 nach Puerto Montt gingen, während in den beiden folgenden Jahren, (trotz neuer im Spätsommer 1858 von der Regierung verkündeter Verheißungen für Auswanderer nach Llanquihue und einer nördlich von der Provinz Valdivia neuangelegten Kolonie Los Anjelos) gar keine und erst in diesem Jahre wieder 93 Auswanderer nach diesem Hafen abgegangen sind. Der Zustand der Kolonie ist nach der Schilderung eines Reisenden in der „Allg. Auswanderungszeitung"*) auch gegenwärtig noch ein unverändert trauriger, während eine durch diese Schilderung hervorgerufene Entgegnung des „Vorstands des deutschen Vereins" in Puerto Montt vom 11. August d. J.,**) die freilich sehr entschieden den Charakter einer Einladung zum Auswandern an sich trägt, die Zustände als in fortschreitender Blüthe begriffen darzustellen bemüht ist.

In Valdivia leben gegenwärtig im Ganzen 2—3000 Deutsche ein leiblich zufriedenes und ganz erträgliches Leben. Daß dabei von einer ersprießlichen Entwicklung deutschen Lebens, namentlich von einer Befriedigung geistiger Bedürfnisse inmitten einer erzkatholischen, von Priestern gegängelten, unwissenden Bevölkerung nicht die Rede sein kann, versteht sich von selbst.

Wenn wir nichts desto weniger Chili als den einzigen Lichtpunkt in dem Gesammtbild der central- und südamericanischen Republiken bezeichnen mußten, so finden wir in der Nachbarrepublik Peru eine der

---

*) Allg. Ausw. Ztg. vom 23. März d. J.

**) Allg. Ausw. Ztg. vom 9. u. 16. November d. J.

dunkelsten Partien dieses trüben Bildes. Hier, wo von Anfang her die Saat der verderblichen Elemente des südamericanischen Staatslebens am reichsten gesäet war und am üppigsten wucherte, erscheint die politische und sociale Verwirrung auf ihrem Höhepunkt. Hier, wo sich von den Zeiten der Eroberung her eine gold- und ämtergierige spanische Bevölkerung angesammelt und dem spanischen Kolonialregiment mit seinen Expressungen und seinem drückenden Despotismus einen bequemen Boden bereitet hatte, trug auch zur Zeit der Erhebung gegen dieses Regiment die ganze Bewegung den Charakter der rohen Gewaltsamkeit, den ihr vor Allem die an der Spitze stehenden farbigen Parteihäupter aufdrückten. Von dem Augenblick der in der Schlacht von Ayacucho erlangten Unabhängigkeit an bis auf den heutigen Tag besteht dann die Geschichte Peru's aus einer nur selten von kurzen Perioden des Friedens und des rasch erlangten Wohlstandes unterbrochenen Reihe von Revolutionen und Pronunciamentos, die eine solche Unsicherheit aller Verhältnisse mit sich bringen, daß schon deshalb jedes Kolonisationsunternehmen nach diesem Lande von vornherein als ein verfehltes erscheinen müßte. Die wenigen Versuche dieser Art, von denen wir zu berichten haben, sind denn auch auf das kläglichste gescheitert. — Wie die Mehrzahl der südamericanischen Regierungen fing auch die peruanische in einem Moment, wo die hier ganz neue Erscheinung des friedlichen und gesetzlichen Uebergangs der Präsidentenwürde von Castilla auf Echenique (1851) eine endliche Consolidirung der Zustände in Aussicht zu stellen schien, an, ihre Blicke auf die Vortheile zu lenken, die dem Lande aus einer fremden Einwanderung erwachsen könnten. Allein sie glaubte genug gethan zu haben, wenn sie die Speculation zur Einführung von Kolonisten durch Aussetzung einer Prämie von dreißig spanischen Thalern für jeden Kopf ermunterte. Ein Mestize, Rudolfo, benutzte die Gelegenheit, ein gutes Geschäft zu machen, und reiste nach Europa, um Auswanderer anzuwerben, was ihm mit Hülfe verlockender Ankündigungen nur zu gut gelang. Schon im März 1852 erschien eine von einer Reihe angesehener, in Lima ansässiger, deutscher Kaufleute, unter ihnen die Consuln von Hamburg und Bremen, unterzeichnete nachdrückliche Warnung gegen das Rudolfo'sche Unternehmen. Die ungünstigen Aussichten jeder Auswanderung nach Peru wurden darin unter Hinweis auf die Zustände und die Bodenbeschaffenheit des Landes, — ein schmaler, wüster, auch in seinen wenigen fruchtbaren Thälern wegen der Schwierigkeit der Bewässerung nicht zum Anbau geeigneter Küstenstrich, im Innern fruchtbare, aber in Folge des schlechten Zustandes der Communicationen und des Mangels an Absatzplätzen für Producte, ebensowenig für fremde Ansiedler geeignete Landstrecken — klar auseinandergesetzt. Vergebens! In fünf von Bremen expedirten Schiffen langten im Frühjahr 1852 1150 von Rudolfo angeworbene deutsche Einwanderer in Lima an, um alsbald dem jammervollsten Loos zu verfallen. Viele hatten sich durch ihre Contracte zu beliebigen Diensten verbungen und wurden nach ihrer Ankunft als Dienstboten und Landarbeiter förmlich verhandelt, von ihren Dienstherren aber zum Theil so grausam behandelt, daß selbst die Limanischen Zeitungen über dieses schmachvolle Verfahren ihre Entrüstung aussprachen. Viele ließen sich vom General Florès zu seiner Expedition gegen Guayaquil anwerben; mehr als Hundert erlagen dem kalten Fieber und anderen Krankheiten, um, wie Thiere, hinter dem katholischen Kirchhofe verscharrt zu werden; am schrecklichsten aber erging es einer Anzahl von etwa vierzig Unglücklichen, die sich zum Guano-Graben auf den Chinchos-Inseln verbungen hatten, — einer fürchterlichen Arbeit, bei der sie in Gesellschaft chinesischer Einwanderer von unbarmherzigen Aufsehern schlimmer als Sclaven behandelt wurden. In einer in dem Tagesblatt von Lima erlassenen Anzeige, bot Rudolfo einen letzten Rest von fünfzig deutschen Einwanderern, wie Waaren, aus. Auch Irländer und Franzosen waren von ihm eingeführt worden. Er hütete sich wohl, aus Furcht vor der Intervention der betreffenden Consuln, auch diese gleich den völlig schutzlosen Deutschen feilzubieten. Eine ihrem Peiniger durch Landsleute gewaltsam entrissene Deutsche begab sich unter französischen Schutz! „Gottlob" — so hieß es damals in einer diese Thatsachen meldenden (in der deutschen Ausw. Zeitung vom 10. August 1852 abgedruckten) deutschen Correspondenz vom Mai 1852 — „Gottlob, daß die deutsche Flotte endlich in andere Hände übergeht, und die preußische Regierung die Sache jetzt für sich in die Hand genommen hat — man darf doch nun hoffen, nächstens auch eine deutsche Kriegsflagge hier zu sehen und dann wird eine ähnliche Entwürdigung des deutschen Bluts nicht wieder stattfinden." Allein noch heute ist diese Hoffnung nur ein frommer Wunsch, und noch heute vermag Deutschland seine Auswanderer um nichts besser zu schützen, als damals! —

Die peruanische Regierung ließ sich durch das Schicksal dieser ersten Einwanderer nicht abschrecken, einen zweiten Versuch mit der Einführung von Deutschen zu machen, sobald es ihr für ihre Zwecke ersprießlich schien. Diesesmal handelte es sich um die Bevölkerung einer im Sommer 1853 unter der Leitung eines Peruaners, Ijurra, und eines Deutschen, Damian von Schütz, mit etwa 150 Individuen verschiedener Nationen, größtentheils aber Deutschen, am Amazonenstrom in der Nähe der brasilianischen Grenze gegründeten, Victoria de Ayacucho getauften Kolonie. Durch einen am 4. Juni 1853 mit der Regierung abgeschlossenen Contract verpflichteten sich Schütz und Ijurra, 13,000 deutsche Kolonisten einzuführen. Um die Werbung derselben persönlich zu betreiben, begab sich Schütz im November nach Deutschland. Glücklicherweise war er nicht im Stande, die Bedingung des Contracts, welche ihn zur Einführung der ersten Kolonisten im Laufe des folgenden Jahres verpflichtete, zu erfüllen, und das ganze Unternehmen zerschlug sich in Folge dessen. Aber schon im folgenden Jahre, als die eben erfolgte Freigebung der Sclaven einen empfindlichen Mangel an Arbeitskräften für Berg- und Ackerbau zur Folge hatte, tauchte dasselbe in anderer Gestalt wieder auf. Am 6. December 1855 schloß Schütz einen neuen Contract mit der Regierung, durch den er sich verpflichtete, 10,000 Kolonisten innerhalb sechs Jahren vom Tage des Contractsabschlusses an einzuführen, dieselben selbst nach Peru zu führen und mit ihnen an den von der Regierung bestimmten Punkten Kolonien zu gründen; und zwar sollte die erste aus ungefähr 500 Individuen bestehende Abtheilung im Laufe des Jahres 1856 nach Callao gebracht werden, von wo sie sich an den Pozuzo, wo vorher Vorbereitungen getroffen sein würden, oder, je nach Bedürfniß, an andere passende Punkte begeben sollten. Die Regierung verpflichtete sich, den Transport der Kolonisten bis Callao zu besorgen, ihnen die Transportthiere bis zur Kolonie zu verschaffen, ihnen vorschußweise während des ersten halben Jahres die nöthigen Lebensmittel und Sämereien, sowie Ackergeräthe zu geben, welche Vorschüsse die Kolonisten fünf Jahre nach ihrer Ankunft zurückzuzahlen haben würden, und außerdem jedem Individuum über fünfzehn Jahre eine Gratification von 30 spanischen Thalern zu gewähren. — Wieder begab sich Schütz zu besserer Betreibung seiner Werbungen selbst nach Deutschland, dieses Mal leider mit besserem Erfolg, als zwei Jahre zuvor. In den meisten deutschen Staaten gelang es zwar den eifrigen Bemühungen der Presse, sowie den Warnungen und Verboten der Regierungen, eine Betheiligung an der Schütz'schen Expedition fast durchaus zu verhindern, dagegen fand der peruanische Agent in Tyrol einen fruchtbaren Boden für seine Speculation. Im Frühjahr 1857 schifften sich in Antwerpen auf dem Schiff Norton nahe an zweihundert Tyroler in Begleitung von zwei Priestern nach Callao ein. Ihnen schloß sich eine Anzahl Rheinländer an, die sich, da die preußische Regierung für Auswanderer nach Peru die Pässe verweigert hatte, heimlich davon gemacht hatten, und das bei solchen Unternehmungen unvermeidliche Element abenteuernden Gesindels zu vertreten schienen. Es waren im Ganzen 298 Personen, die am 20. Juli 1857 in Callao eintrafen. Ueber ihr ferneres Ergehn hat die Allg. Zeitung seiner Zeit einen ausführlichen aus Cerro de Pasco vom 12. October 1857 datirten Bericht des Pfarrers Joseph Ueberlinger (dessen traurige Mittheilungen wir in einem uns zugänglich gemachten Consulatsbericht im Wesentlichen durchaus bestätigt finden) und neuerdings einen aus Lima vom Juni v. J. datirten Bericht von dem bekannten Reisenden Dr. Karl Scherzer gebracht.*) Die Kolonisten wurden nach ihrer Ankunft alsbald auf Kosten der Regierung in ein Dampfboot übergeschifft und nach Huacho, als dem bequemsten Ausgangspunkt für die Reise in's Innere, gebracht. Die Regierung hatte zeitig Befehl gegeben, den Weg nach der Kolonie in Stand zu setzen, das Land auf derselben zu vermessen, und Vieh und Lebensmittel bereit zu halten. Von alle dem hatten aber die gewissenlosen und trägen Beamten nichts gethan. Der gänzliche Mangel eines Weges über Gebirge und durch undurchdringliche Wälder machte es der Expedition unmöglich, ihren Bestimmungsort am Pozuzo zu erreichen, und zwang sie in Acobamba, einem Indianerdorf in der sogenannten Ceja de la Montanna, ungefähr 10,000 Fuß über dem Meer, in einer unwirthlichen und völlig unfruchtbaren Gegend Halt zu machen. Die ohnehin keinen Lohn versprechenden Feldarbeiten wurden bald durch den Eintritt der Regenzeit unmöglich gemacht, und ohne von der Regierung besorgte Zufuhren von Lebensmitteln hätten die Unglücklichen Hungers sterben müssen. Nach fünfmonatlichem Aufenthalt in Acobamba konnte die auf ein kleines Häuflein zusammengeschmolzene Ansiedlerkolonne ungefähr 9 Leguas weiter vorrücken, um in einem anderen Indianerdorf, Santa Cruz, abermals vier Monate lang die bitterste Noth zu ertragen. Erst im Mai 1858, also anderthalb Jahre, nachdem die Auswanderer ihre Heimath verlassen hatten, erreichten sie nach unsäglichen Leiden den Pozuzo, wohin nun endlich ein schmaler Fußpfad vollendet war. Im Juni v. J. betrug die Zahl der Kolonisten im Pozuzothale gegen 180 Personen, zur Hälfte Tyroler, zur Hälfte Rheinpfälzer; der Rest jener 298 ersten Ankömmlinge war theils gestorben,

---

*) Beilagen zu Nr. 14 u. 15 der Allg. Augsb. Ztg. vom 14. und 15. Januar dieses Jahres.

theils nach Lima und Iquique gezogen, wo sie in den Salpeterminen arbeiten. Das Ergehn der in zwei Gemeinden getheilten Kolonisten in dem fruchtbaren Thal, wo jede Familie 100 Morgen Landes von der Regierung zum Geschenk erhielt, scheint sich endlich ganz erträglich gestaltet zu haben. Von einer wirklich gedeihlichen Entwicklung der Kolonie aber wird nicht die Rede sein können, so lange noch der Zustand der Verkehrswege, auf denen der Absatz der Producte der Kolonie bewerkstelligt werden soll, ein trostloser, auf dessen baldige Verbesserung, namentlich bei den jetzigen politischen Verhältnissen des Landes nicht zu rechnen ist. Eben diese Verhältnisse lassen auch eine Wiederholung des im Ganzen durchaus mißglückten Kolonisationsversuchs in nächster Zeit nicht befürchten. —

Auch in Venezuela haben die ungeordneten politischen Zustände, die schlechte Beschaffenheit der Straßen und die Verheerungen des gelben Fiebers noch keinen der bisherigen Kolonisationsversuche zu einem irgend erfreulichen Resultat gelangen lassen. Noch früher als in Chili haben die Staatsgewalten hier dem Lande die Vortheile einer fremden Einwanderung zu sichern gesucht. Hatte sich doch Venezuela schon einmal im sechszehnten Jahrhundert vorübergehend ganz in deutschen Händen befunden. Karl V. hatte es 1528 den Welsern in Augsburg, als Pfand für große Summen, die er ihnen schuldete, überlassen. Die Welser schickten Schiffe und Kriegsknechte unter Anführung von Dalfinger und Georg von Speier dahin ab, wo sie aber durch Kämpfe mit den Indianern, durch Ausschweifungen und die verderblichen Wirkungen des Klimas, bald weggerafft wurden. Die wenigen Ueberreste dieser Expedition, der die Welser keine weitere folgen ließen, wurden bald darauf von den wieder eindringenden Spaniern, die nun das Land dauernd in Besitz nahmen, vertrieben.*) — In unsern Tagen wurde zuerst unter dem 12. Mai 1840 ein Gesetz zur Beförderung von Auswanderern**) erlassen und im folgenden Jahre eine eigene mit der Ausführung des Gesetzes beauftragte Einwanderungscommission niedergesetzt. Das Gesetz autorisirt die Executivgewalt, die Unternehmungen zur Herbeiziehung von Einwanderern aus Europa und den canarischen Inseln im Interesse der Agricultur von Venezuela mit allen

*) Vgl. F. v. Raumer, Historisches Taschenbuch, Jahrg. 1850, S. 68.

**) abgedruckt bei Wappäus, die Republiken von Südamerica, I. Abtheilung Göttingen 1843, S. 266. Revidirt und mit einer Reihe neuer Bestimmungen versehen wurde das Gesetz am 24. Mai 1845; in dieser Gestalt abgedruckt in der „Hansa“, Jahrg. 1853. Nr. 102, 103 und 107.

ihr zu Gebote stehenden Mitteln anzuregen, zu fördern und zu schützen, und zu dem Ende, sowohl über die Tierras baldias (herrenlose Ländereien) aller Provinzen der Republik zu disponiren, als, wo an passenden Ansiedlungspunkten keine Tierras baldias vorhanden, Ländereien von Privaten zu kaufen oder zu pachten. Von dieser Autorisation wurde alsbald ein umfassender Gebrauch gemacht. Schon im Jahre 1841 führten verschiedene Privatpersonen und Gesellschaften, denen die Regierung bedeutende Strecken Landes zu diesem Zweck überlassen, und außerdem sehr reichliche Geldunterstützungen gewährt hatte, 3776 Einwanderer, (Canarier, Südfranzosen, Spanier und Italiener), um etwas mehr als in den neun vorhergehenden Jahren zusammengenommen, ein. Unter den Kolonisationsunternehmungen der nächsten Zeit interessirt uns hier speziell nur eine, die des Obersten Codazzi, dessen, seinen eigenen Berichten zufolge, mit großer Sorgfalt vorbereitete Kolonie deutscher Familien gleichwohl zu nichts weniger als günstigen Resultaten geführt hat. Auf einem in ziemlich gleicher Entfernung von Caracas, Victoria und Puerto-Maya gelegenen Terrain beabsichtigte Codazzi, sechzig bis achtzig deutsche Familien anzusiedeln. Zur Ausführung dieses Unternehmens bewilligte ihm die Regierung ein zinsfreies Darlehn von 60,000 Pesos, für welches sich der Graf Martin Tovar verbürgte, welchem zu Dank und Ehren die Kolonie denn auch den Namen Tovar führen sollte. Nachdem Codazzi, wie er in einem 1842 in Paris veröffentlichten Briefe mittheilte, das Terrain abholzen und die nöthigen Wege eröffnen zu lassen angefangen, die ersten Saaten bestellt, die Wohnungen gebaut und die Lebensmittel und Hausthiere für seine Kolonisten angeschafft, begab er sich selbst zur Engagirung derselben (1842) nach Europa. Die sechzig bis achtzig gesuchten Familien fanden sich schnell, sahen sich aber bald nach ihrer Ankunft in ihren Erwartungen bitter getäuscht. Das Mißlingen der ersten Weizenernte abzuwenden, mochte nicht in der Macht des Gründers der Kolonie gelegen haben; schlimmer war, daß der schlechte Zustand der Wege auch hier wieder seine verderblichen Wirkungen äußerte. Der Weg nach dem etwa eine Tagereise entfernten Caracas war so unfahrbar, daß der Absatz der Producte der Kolonie nach der Hauptstadt fast unmöglich erschien. Unter den verzweifelten Kolonisten brach ein offener Aufruhr aus, der ein Drittheil der ersten Ansiedler von der Kolonie entfernte, denen bald viele Andere folgten. Die Zurückgebliebenen sind fast alle arm und ohne bessere Zukunft. — Ueber der ganzen europäischen Einwanderung nach Venezuela scheint ein besonderer Unstern zu schweben, der das

Schicksal derselben noch viel trauriger gestaltet, als es die Verhältnisse des Landes mit sich bringen. Denn auch die schon erwähnten Ansiedlungen von Franzosen und Italienern sind, nachdem Fieber und Elend fürchterlich auf ihnen gewüthet, spurlos verschwunden. Irländer, die im Jahre 1851 für Rechnung der Regierung importirt waren, wurden bald darauf für Rechnung des englischen Consuls nach den Vereinigten Staaten wieder exportirt. Unter einer Anzahl 1852 von Hamburg aus nach Caracas beförderten Auswanderern brach das gelbe Fieber und (zum ersten Mal in dieser Provinz) das schwarze Erbrechen mit unerhörter Heftigkeit aus, raffte fast zwei Drittheile derselben hinweg und ergriff auch die eingeborne Bevölkerung. Nie hatte man eine so schreckenerregende Sterblichkeit in dem durch sein gesundes Klima mit Recht berühmten Caracas erlebt. Unter diesen Umständen begreift es sich, daß neuere Bemühungen der venezolanischen Regierung, Einwanderer herbeizuziehen, — am 18. Mai 1855 genehmigte der Congreß ein drittes, wieder mit den vortheilhaftesten Bestimmungen ausgestattetes Auswanderungsgesetz, — erfolglos geblieben sind. In der neuesten Zeit haben überdieß die wiederausgebrochenen politischen Unruhen hier, wie in Peru das Interesse der Regierung an der Kolonisation des Landes wieder in den Hintergrund gedrängt.

Von den beiden anderen Republiken, welche mit Venezuela zusammen früher den Freistaat Columbia gebildet hatten, Ecuador und Neugranada, ist die erstere erst in neuester Zeit für Kolonisationszwecke in's Auge gefaßt worden. Eine im vorigen Jahre in London gebildete „Ecuador Land Company" beabsichtigt die Besiedelung von Ländereien, welche von competenten Beurtheilern, wie Julius Fröbel und Gerstäcker, der sich eben jetzt an Ort und Stelle mit vorbereitenden Maßregeln beschäftigt, als sehr günstig gelegen geschildert werden, deren Kolonisation aber jedenfalls erst dann ernsthaft wird in Angriff genommen werden können, wenn die Streitigkeiten zwischen Peru und Ecuador, die u. A. einen Theil der fraglichen Ländereien zum Gegenstand haben, definitiv werden geschlichtet sein. — Neugranada hat zwar wiederholte Versuche gemacht, seinem Mangel an Bevölkerung auf diesem Wege abzuhelfen; wir finden aber nirgends eine Spur auch nur des vorübergehenden Zustandekommens einer geschlossenen Ansiedlung europäischer Kolonisten. Die früheren Regierungen hatten zu diesem Zweck selbst Geldunterstützungen gewährt; diese wurden seit 1849 zwar eingestellt, eine Reihe anderer Vergünstigungen für Einwanderer aber, wie unentgeltliche Zuweisung von Land, Zusicherung der Freiheit von Militairdienst und directen Steuern auf zwanzig Jahre, zollfreie Einfuhr von Ackerbaugeräthen, und wie die in Südamerica stehend gewordenen Verheißungen sonst heißen mögen, aufrecht erhalten. Im Jahre 1855 wurden sowohl an Private, wie an Compagnien, bedeutende Strecken bisher unbebauter Ländereien käuflich überlassen, um durch den Ertrag einen Theil der Nationalschuld zu tilgen, und wurde mit der englisch-französischen Gesellschaft Santa Rosa ein Contract abgeschlossen, nach welchem derselben bedeutende Ländereien zur Disposition gestellt wurden, um sie zur Kolonisation zu verwenden. Die Gültigkeit dieses Contracts wurde aber bald nach seinem Abschluß mit dem Agenten der Gesellschaft Dr. Stephenson Bushnam, von dem damals einflußreichsten Mann in Neugranada, dem General Mosquera, bestritten. Die beispiellose Unsicherheit aller Zustände in diesem, trotz seiner unvergleichlichen Lage durch fortwährende Revolutionen erschöpften Lande, machte es selbst für Kolonisationsversuche unbrauchbar. —

Wir können den Norden Südamericas nicht verlassen, ohne einen Augenblick in holländisch Guyana zu verweilen: denn selbst das mörderische Klima dieser Gegend hat von der Gründung einer deutschen Kolonie nicht abgeschreckt. Schon 1845 hatte die holländische Regierung einen vergeblichen Versuch gemacht, eine Anzahl von 384 Kolonisten in Surinam zu acclimatisiren. Im Verlauf von noch nicht fünf Jahren waren zwei Drittheile dieser Kolonisten von dem Klima hinweggerafft. Aber Surinam war in Verfall und die holländische Regierung ließ sich von neuen Experimenten mit deutschen Auswanderern nicht abschrecken. Im Jahre 1852 erließ sie eine Circularnote an sämmtliche deutsche Bundesregierungen, in welcher, wie es in einer officiösen Zeitungsnotiz hieß, ein umfassender Plan dargelegt wurde, „um den Zug der Auswanderung aus Deutschland in eine neue Bahn nach den überseeischen Besitzungen der stammverwandten Niederlande hinzulenken.“ Die zu diesem Zweck gemachten Vorschläge waren, derselben Notiz zufolge, auf eine zwiefache Kolonisation, durch freie Ansiedler und durch deportirte Verbrecher gerichtet. Die preußische Regierung lehnte jedes nähere Eingehen auf diese Vorschläge von vornherein ab. Verschiedene süddeutsche Regierungen aber erklärten sich bereit, zwar nicht selbst Sachverständige zu ernennen, aber doch dazu geeignete Personen zu veranlassen, sich von der holländischen Regierung als Sachverständige behufs Erstattung eines Berichts über die Geeignetheit Surinams für die Ansiedlung deutscher Kolonisten, dorthin schicken zu lassen. Baden und Würtemberg lieferten drei Mitglieder zu der Commission, einen Bergmann, einen Landwirth und einen Arzt. Bis zum Sommer 1858 hatte, wie sich aus dem damals erstatteten Bericht des Bundestags-Ausschusses für die Auswanderungsangelegenheit ergiebt, die bereits 1853 abgesandte Commission ihren Schlußbericht noch nicht erstattet. Inzwischen lesen wir in demselben Ausschußbericht von dem angeblichen Gedeihen einer im Jahre 1853 von Privaten unternommenen Ansiedlung Deutscher in Surinam, welche sich bereits 1856 auf 60 Köpfe vermehrt habe und deren Gesundheitsverhältnisse nichts zu wünschen übrig lassen. Vergessen wir indeß nicht, daß diese Mittheilung aus parteiischer Quelle, von der bei einem günstigen Ausfall des Unternehmens so lebhaft interessirten holländischen Regierung herstammt. Die vorläufige Erklärung dreier 1856 zurückgekehrter Mitglieder der Commission stellt wenigstens das mögliche Gelingen deutscher Ansiedlungen in Surinam als an so schwer erfüllbare Bedingungen geknüpft dar, daß Zweifel an dem Erfolg eines solchen Unternehmens daselbst mehr als gerechtfertigt erscheinen.

Die Plataländer, — wie sehr sie auch seit längerer Zeit die Aufmerksamkeit als geeignete Auswanderungsgebiete auf sich gezogen, wie angelegentlich sie auch, namentlich seit dem Sturze Rosas', der deutschen Auswanderung von verschiedenen Seiten empfohlen worden sind, — haben doch bis jetzt noch keinen nennenswerthen Versuch einer deutschen Kolonisation aufzuweisen. Wir werden weiter unten die Zukunft der Auswanderung in's Auge zu fassen und bei dieser Gelegenheit auch die Platagebiete zu berücksichtigen haben; hier, wo uns die bisherigen Ansiedlungsversuche beschäftigen, bieten uns diese Länder einen noch sehr unergiebigen Stoff für unsere Betrachtung. Italiener, Spanier und Franzosen sind seit längerer Zeit in großer Zahl nach Buenos Ayres und Montevideo eingewandert, ohne jedoch eigentliche Kolonien zu bilden. Sie sind theils als Handwerker, Dienstboten und Hafenarbeiter, theils bei der Schifffahrt auf den Strömen beschäftigt. In ähnlicher Weise finden daselbst, abgesehen von zahlreichen deutschen Kaufleuten in Buenos Ayres und Montevideo, auch einige Tausend Deutsche ihren Unterhalt. In der Umgegend von Buenos Ayres betreiben einige holsteinische Familien Viehzucht, Butter- und Käsefabrication; deutsche Kolonisten im Sinn einer zur Erhaltung der Nationalität geeigneten Niederlassung kann man aber diese Leute um so weniger nennen, als sie ihre Kinder ganz als Argentiner erziehen.*) — Von Seiten der

*) Gegenwart und Zukunft der Plataländer für deutschen Handel und Kolonisation. Hamburg 1852. S. 66.

Regierungen der Plataländer sind erst in neuerer Zeit schwache Versuche gemacht worden, europäische Ansiedler heranzuziehen; auf deutsche Auswanderer haben sich dieselben jedoch bis jetzt noch nicht erstreckt. Der Dictator Rosas, als Vertreter des reinen Americanismus, war dieser Einführung fremder Elemente grundsätzlich entgegen. Die Erfolge, welche Buenos Ayres und Uruguay mit ihren Bemühungen für Beförderung der Einwanderung erzielt haben, seitdem die unter der Rosas'schen Dictatur gewaltsam verbundenen drei Gruppen des argentinischen Gebiets wieder auseinander gefallen sind, sind wenig geeignet, für eine regierungsseitig unternommene Kolonisation dieser Länder Hoffnungen zu erregen. Ein 1853 aufgetauchtes Project, eine Kolonie an der Mündung des Uruguay anzulegen und dieselbe mit Auswanderern aus Frankreich, der Schweiz und den Rheingegenden zu bevölkern, ist nicht zur Ausführung gekommen. Auch in Buenos Ayres und in einigen anderen Staaten der argentinischen Conföderation, wie Santa-Fé und Corrientes, sind seit 1852 bereits eine Reihe von Kolonisationsprojecten entstanden, die theilweise auch auf deutsche Ansiedler berechnet waren; von diesen allen aber ist nur erst ein mit Italienern in der Einöde von Bahia Blanca an der patagonischen Grenze von dem Oberst Olivieri, einem Officier der italienischen Legion, unternommenes, zur Ausführung gekommen, in Folge eines Aufstandes unter den Kolonisten, der dem Oberst das Leben kostete, aber bereits wieder gescheitert. Inwiefern die kürzlich erfolgte Wiedervereinigung von Buenos Ayres mit der Conföderation zu einer gedeihlichen Entwicklung der dortigen Zustände beitragen und mittelbar vielleicht auch auf die Kolonisation von Einfluß sein wird, muß die Zukunft lehren.

Der letzte noch zu erwähnende Staat Südamericas ist die Republik Bolivia. Auch hier, in der Provinz Otuquis, in einer von aller Civilisation weit abgelegenen, menschenleeren, auf dem Wasserwege derzeit noch nicht erreichbaren Binnengegend, wollten Speculanten 1854 eine deutsche Kolonie anlegen. Das Unternehmen, zu dessen Gunsten Herr Regierungsrath Kerst eine eigene Schrift veröffentlicht hatte, scheiterte aber schon im Entstehen an der Unmöglichkeit, eine Actiengesellschaft zur Aufbringung der nöthigen Capitalien zu begründen.

Auch Centralamerica wird uns in seiner Bedeutung für die Zukunft der deutschen Auswanderung später beschäftigen; an dieser Stelle ist nur von zwei vollständig mißlungenen Auswanderungsunternehmungen nach Guatemala und Costarica zu berichten. Dort hatte eine anonyme belgische Kolonisationsgesellschaft von der Regierung das

Gebiet von Santo Tomas erworben und dasselbe 1843 mit belgischen, deutschen und andern Kolonisten zu bevölkern angefangen. 1844 stieg die Zahl der auf der Kolonie Angesiedelten auf 871 Individuen, von denen in einem Zeitraum von 22 Monaten 211 starben. 1847 expedirte die belgische Regierung auf den Wunsch einer großen Anzahl von Kolonisten ein Schiff nach Santo Tomas, um die in ihren Erwartungen Getäuschten zurückzubringen. Am 1. Januar 1850 bestand die Kolonie nur noch aus 345 Einwohnern. Seitdem sind der Kolonisationsgesellschaft, die ihren Verpflichtungen gegen die guatemalische Regierung nicht hat nachkommen können, die ihr bewilligten Vortheile wieder entzogen. — Ein bei diesem Unternehmen betheiligter Deutscher, v. Bülow, scheint es auch verschuldet zu haben, daß ein mit großem Kostenaufwand von einer Berliner Kolonisationsgesellschaft unternommener Versuch, eine deutsche Kolonie in Costarica zu begründen, vorläufig wenigstens als völlig gescheitert zu betrachten ist. Das Gedeihen der deutschen Kolonien in transatlantischen Ländern pflegt im umgekehrten Verhältniß zu den Verheißungen ihrer Unternehmer zu stehen. So auch hier. Der Zweck der 1850 gegründeten Berliner Kolonisationsgesellschaft war kein geringerer, als „im Interesse der Humanität und der Nationalehre die vom Mutterlande aus organisirte Kolonisation im Ausland zu regeln, und dem Uebelstand zu begegnen, daß die deutschen Auswanderer fast durchgehends in den fremden Nationalitäten verschwinden, indem sie deren Arbeits- und Capitalkraft in der Concurrenz mit dem Mutterland verstärken.“ Zu diesem Zweck entsandte die Gesellschaft 1851 jenen, durch seine Antecedentien für die Leitung einer solchen Angelegenheit besonders schlecht empfohlenen Mann nach Costarica mit dem Auftrag, ein zur Begründung einer deutschen Kolonie geeignetes Terrain zu erwerben und die zum Empfang der Kolonisten nöthigen Vorkehrungen auf demselben zu treffen. Dieses Auftrags entledigte sich Herr v. Bülow in der denkbar verkehrtesten Weise, indem er, in Aussicht auf eine durch den Urwald zu erbauende Straße von der Küste nach dem Innern, deren vergebens versuchte Anlage ein Capital von ca. 20,000 spanischen Piastern verschlang, einen entlegenen Fleck in einer weglosen Wildniß als Ansiedlungspunkt wählte, während sich viel günstiger gelegene Punkte zu leichtem Erwerb dargeboten hätten.*) Die Berliner Kolonisationsgesellschaft erklärte wiederholt, sie werde nicht eher

---

*) S. Wagner u. Scherzer. Die Republik Costarica u. s. w. Leipzig 1856. S. 346 ff.

zu der Einführung von Kolonisten nach der neuen Kolonie „Angostura“ schreiten, als bis alle zum Empfang derselben nöthigen Anstalten getroffen seien. Als aber Herr v. Bülow voreiliger Weise nach Berlin gemeldet hatte, er halte die Verbindung mit dem Hafenpunkt Limon (durch Abschluß eines Contracts mit einer costaricanischen Wegebaugesellschaft über Anlage eines Weges durch den Urwald) für gesichert, glaubte die Kolonisationsgesellschaft, im Vertrauen auf die Richtigkeit der Darstellung ihres Agenten, die sofortige Beförderung von 100 Auswanderern veranstalten zu sollen. Verschiedene Versuche, vor der Ankunft derselben einen gangbaren Weg durch die Wälder zu eröffnen, scheiterten gänzlich, zum Glück noch zeitig genug, um wenigstens einer Landung der am 14. December 1854 mit dem Bremer Schiff „Antoinette“ anlangenden Auswanderer in dem Hafen von Limon, von wo aus ein Vordringen in das Innere ganz unmöglich gewesen wäre, vorzubeugen. Sie wurden daher in Greytown gelandet und von hier mit enormen Kosten nach der Kolonie gebracht, wo sich die begonnenen Arbeiten auf den Bau eines kostbaren Directionshauses und auf die Lichtung von höchstens 14 Manzanen Landes beschränkten. Ein großer Theil suchte anderweitig Beschäftigung und Unterhalt, die sie in der Wildniß der neuen Kolonie nicht zu finden vermochten. Seitdem verlautete wenig, in neuerer Zeit nichts mehr über das Ergehen der Kolonie und über fernere Versuche der Berliner Kolonisationsgesellschaft, ihren Besitz, — den sie freilich erst in 48 Jahren, vom Tage der Erwerbung an, zu besiedeln verpflichtet ist, — nutzbar zu machen. Auf günstigere Resultate deutscher Einwanderung in die, in noch höherem Grade als die südamericanischen Republiken innerlich zerrütteten Länder der centralamericanischen Staatengruppe wird man nicht zählen dürfen, bevor die politischen Verhältnisse in denselben nicht in einer oder der andern Weise eine ganz neue Gestalt gewonnen haben, die ihnen allem Anschein nach in nicht ferner Zeit von den Vereinigten Staaten gegeben werden wird.

Alle Ursachen endlich, aus denen wir das Scheitern der überwiegenden Mehrzahl der bisher betrachteten Siedlungsversuche erklären mußten, lassen auch eine Auswanderung nach Mexiko als unrathsam erscheinen. Furchtbarste politische Zerrüttung, Unsicherheit des Eigenthums, schlechter Zustand der Communicationen, großentheils verderbliches Klima und religiöse Unduldsamkeit, stellen dem deutschen Auswanderer, der sich in Mexiko niederlassen wollte, das traurigste Loos in sichere Aussicht. Glücklicherweise haben denn auch eigentliche Kolonisationsversuche noch nicht stattgefunden. Das 1852 in Berlin aufgetauchte Project, unter dem Namen „deutscher Ansiedlungsverein für Mexiko" eine Gesellschaft zu bilden, deren Mitglieder theils selbst nach Mexiko übersiedeln, theils Andern die Uebersiedlung dahin möglich machen und auf ausgedehnten Ländereien bester Qualität Landbau betreiben wollten, ist nicht zur Ausführung gekommen. Ein vom 16. Februar 1854 datirtes Decret des Präsidenten Santa=Anna in Betreff der Einführung von Kolonisten eben so wenig. Im Jahre 1856 hat sich eine kleine Anzahl deutscher Auswanderer durch die verlockendsten Anerbietungen mexikanischer Agenten, durch die Verheißung von Landschenkungen, Glaubens= und Steuerfreiheit u. s. w. verleiten lassen, nach Mexiko zu gehen. Ueber ihr Schicksal jedoch haben wir weiter nichts in Erfahrung bringen können. Auch den Versuch endlich der Ausführung eines von der Regierung des Präsidenten Comonfort entworfenen Kolonisationsplans haben die gegenwärtigen Zustände des Landes bis jetzt verhindert.

III.

Um Vieles umfangreicher und bedeutender, als die Kolonisationsversuche deutscher Auswanderer, die wir soeben bis auf unsere Tage herab im Zusammenhange verfolgt haben, gestaltete sich die gleichzeitige deutsche Einzelauswanderung. Sie ist es, die, in der Richtung nach den Vereinigten Staaten, nach Canada und nach Australien, den eigentlichen Strom der Auswanderung der letzten Jahrzehnte in sich aufnimmt, während jene zuletzt betrachteten Kollektivübersiedlungen im Vergleich damit nur als bescheidene Nebenflüsse erscheinen. Wir müssen daher diese Einzelauswanderung jetzt etwas näher in's Auge fassen.

Wir haben die Auswanderung nach den Vereinigten Staaten in einem Zeitpunkt verlassen, wo sie, ohne noch die Massenhaftigkeit einer späteren Zeit erreicht zu haben, sich bereits in einer gewissen Regelmäßigkeit zu bewegen anfing. Die Julirevolution, wie alle großen politischen Bewegungen unseres Jahrhunderts, bewirkte einen Umschwung nicht nur in den politischen, sondern wesentlich auch in den socialen und ökonomischen Anschauungen unseres Volks. Die Massen kamen zu einem immer deutlicheren Bewußtsein über die wirthschaftlichen Uebelstände, unter denen sie litten, und lenkten ihre Blicke mehr und mehr nach den Vereinigten Staaten, wo sie, gestützt auf Berichte vorangegangener Freunde und Verwandten, einem besseren Loose entgegenzugehen hoffen durften. Denn schon hatte auch jener briefliche Verkehr zwischen Ausgewanderten und Zurückgebliebenen, der als ein wesentlich fortwirkendes und den Strom der Auswanderung unterhaltendes Element zu betrachten ist, seine mächtige Wirkung zu üben angefangen. Mit der wachsenden Zunahme der Auswanderung nach den Vereinigten Staaten befestigte sich aber auch bei den Auswandernden mehr und mehr die Ueberzeugung, daß jeder Versuch einer gezwungen gemeinsamen Ansiedlung dort, weil absolut überflüssig, auch verderblich sei, daß nur religiöser Fanatismus im Stande sei, die Mitglieder einer Gemeinde da unter gegenseitigen Verpflichtungen an einander zu ketten, wo dem Einzelnen durch die Einrichtungen und Verhältnisse des neuen Staats, in den er eintritt, jede Garantie des Rechts, des Eigenthums und des Erwerbes nicht nur, sondern auch die Möglichkeit geboten ist, sich als freier Mann mitten unter Landsleuten anzusiedeln.

In allen den zuletzt betrachteten Staaten Süd- und Centralamerica's fanden wir für Ackerbauer nur zwei Arten von Auswanderung mit einer anderen, als der Aussicht auf sicheres Verderben, möglich: entweder unter vorgängiger Verdingung an Dienstherren, oder im Anschluß an eine unter specieller Aufsicht der Regierung unternommene Niederlassung, der die Bedingungen ihrer Existenz durch sorgfältigste Auswahl des Landes und die umsichtigsten Vorbereitungen in Rücksicht auf Sicherheit des Besitzes, Absatzwege u. s. w. geschaffen werden mußten. Anders in den Vereinigten Staaten. Schon 1780 hatte hier der Congreß die Verwaltung aller von den einzelnen Staaten noch nicht verwendeten Ländereien übernommen, welche den, den ältesten Kolonien von den englischen Königen ertheilten Charters zufolge, bis an den stillen Ocean reichten. Der auf diese Freibriefe begründete Anspruch konnte aber in Wirklichkeit, auch nach der Anerkennung der Vereinigten Staaten durch England im Versailler Frieden von 1785, nur bis an den Missisippi geltend gemacht werden, weil alles Land westlich von diesem Fluß sich im Besitz der Franzosen befand. Dieses ganze ungeheure Gebiet, das damalige Louisiana, erwarben die Vereinigten Staaten im Jahre 1803 käuflich von Frankreich. Dazu kamen 1819 noch die bis dahin den Spaniern gehörenden beiden Floridas und endlich die weiten von den Indianern besessenen Länderstrecken, welche die Vereinigten Staaten ihrer Souveränität unterworfen erklärten. Alle nicht unbestrittenen Besitztitel auf diesen Gebieten wurden mit der ganzen Energie des anglo-sächsischen Charakters für ungültig erklärt, ohne daß die französisch-spanische Bevölkerung diesem Vorgehen einen irgend nachhaltigen Widerstand entgegen zu setzen vermocht hätte. Für die so gegen Ansprüche Dritter sicher gestellten Staatsländereien wurde dann alsbald eine Verwaltung eingeführt, die in ihrer Uebersichtlichkeit, in der mathematischen Genauigkeit, mit der die Vermessungen*) vorgenommen wer-

*) Die Grundzüge des Landesvermessungs-Systems in den Ver. Staaten sind kurz folgende: Alle innerhalb der Gränzen der Ver. Staaten liegenden, nicht im Pri-

den, in der Sicherheit des Besitzes und der Billigkeit des Preises, die sie dem Käufer gewährt, in der Geschichte ihres Gleichen sucht und als unerreichtes Ideal für alle der Kolonisation durch fremde Einwanderer bedürftigen Staaten dasteht. Diese musterhafte Verwaltung der Staatsländereien machte es aber dem Einwanderer in den Vereinigten Staaten möglich, sich seine Niederlassung frei zu wählen, ohne deshalb des Vortheils einer gemeinschaftlichen Niederlassung unter Landsleuten verlustig zu gehen. Die natürlichen Vortheile eines solchen freiwilligen Anschlusses ohne Unterwerfung unter die lästige Autorität eines künstlichen Gemeindeverbands und ohne pecuniäre Verpflichtungen, waren zu einleuchtend, als daß ihre Ausbeutung nicht mit der regelmäßigen Bewegung nach den Vereinigten Staaten hätte gleichen Schritt halten sollen. Die bitteren Erfahrungen derer, die früher ihr Capital, ihre Zeit und oft ihre Gesundheit an dem vergeblichen Versuch verschwendet hatten, in Europa ausgesonnene Pläne gemeinschaftlicher Ansiedlung in America zur Ausführung zu bringen, waren für die später Auswandernden unverloren.

---

vatbesitz befindlichen, uncultivirten Ländereien sind Eigenthum der Bundesregierung; es steht den Einzelstaaten, in denen sie liegen, keine Verfügung darüber zu. Die Verwaltung dieser „Congreßland" genannten Ländereien hat das in Washington befindliche General-Domainen-Directorium (general-land-office), welches die Vermessung derselben, die Anfertigung der Karten und die Versteigerung durch die direct unter ihm stehenden Unterbeamten besorgen läßt. Alle diese Staatsländereien sind in acht Districte, von denen jeder unter einem General-Vermessungs-Director (surveyor general) steht, und diese wieder in Kreise, unter einem Landbureau (land-office) eingetheilt. Jedes Landbureau wird von zwei Beamten, einem Hypothekenverwalter und einem Einnehmer geführt. Der Hypothekenverwalter (recorder) hat die gemachten Landverkäufe zu registriren; der Einnehmer (collector) besorgt das Kassengeschäft und fertigt die Quittungen über die Landverkäufe aus. Zur leichteren Orientirung der Beamten wie der Käufer sind sechs für die ganze Union geltende Hauptmeridiane angenommen. Diese werden jeder durch von Osten nach Westen laufende Grundlinien (base lines) rechtwinklig durchschnitten, so daß sich Quadrate bilden, welche von den surveyors durch auf die Grundlinien, östlich und westlich von der Meridianlinie von 6 zu 6 Meilen errichtete Linien (ranges) in Cantone oder Grafschaften (counties) und diese wieder in Stadtschaften (townships), deren jede 36 Quadratmeilen oder 23,040 Acres enthält, getheilt werden. — Auf der alljährlich zur Versteigerung von Congreßland angesetzten öffentlichen Auction wird das vom Präsidenten der Ver. Staaten zum Verkauf bestimmte Land zu 1¼ Dollar per Acre angesetzt und darf nicht billiger abgegeben werden. Bei diesen öffentlichen Versteigerungen dürfen nur Parcellen von 160 Acres zum Verkauf gestellt werden, alle Ländereien aber, welche einen Käufer fanden, können nach der Versteigerung zu jeder Zeit zum Minimumspreise von 1¼ Dollar per Acre, von den betreffenden Landbureaus und dann auch in Parcellen von 80 und 40 Acres erstanden werden.

Wer eines äußeren Anhalts bei seiner Uebersiedlung nicht entrathen konnte, fand, wie wir gesehen haben, nur allzu reichliche Gelegenheit, sich für südamericanische Kolonisationspläne gewinnen zu lassen. Wer sich aber Selbstständigkeit genug zutraute, um auf eigene Hand sein Glück zu versuchen, ging und geht nach den Vereinigten Staaten, die Meisten in freien Gemeinschaften, deren Mitglieder sich, durch die Weisung vorangegangener Freunde oder den nach der Ankunft erhaltenen Rath der in allen Hafenstädten bestehenden deutschen Gesellschaften geleitet, zunächst über den Ort der Ansiedelung zu vereinigen pflegen. Sie machen dann regelmäßig in einer ihrem Bestimmungsort nahe gelegenen Stadt Halt, schicken die Erfahrensten zur Recognoscirung des empfohlenen Landes aus und kaufen es, wenn das Resultat der Prüfung ein günstiges, auf dem nächsten Landbureau. Dieser gemeinschaftliche Kauf hat den Vortheil, daß auch Unbemitteltere daran Theil nehmen und einen ihren Mitteln entsprechenden Landbesitz erhalten können, während der Staat ihnen nicht unter 40 Acres zu 50 Dollars verkauft haben würde. Der weitaus größere Gewinn dieses ganzen Verfahrens ist aber der, daß auf diesem Wege der Agglomeration in der ungezwungensten und natürlichsten Weise erreicht wird, was alle künstlichen Kolonisationsversuche bisher vergeblich versucht haben: eine stetig fortschreitende, von fremden Einwanderern gemeinschaftlich vollzogene Kolonisation, deren ununterbrochenen Zusammenhang mit den bereits der Civilisation eroberten Gegenden, die Staatsregierung durch die Bestimmung der zum Verkauf zu bringenden Ländereien regelt. Die Einwanderer kolonisiren in größeren Gruppen, die den Vortheil gegenseitiger Bekanntschaft, gemeinschaftlicher Lebensgewohnheit und freundschaftlicher Hülfsleistung im fremden Lande gewähren, ohne Ansprüche an eine unhaltbare Sonderexistenz zu erheben, inmitten einheimischer Kolonisten, mit denen sie wieder vereinigt das große Werk der Kolonisation des Westens der Vereinigten Staaten vollbringen.

Es liegt in der Natur dieser Auswanderung, daß sie sich einer detaillirten Schilderung ihrer Schicksale entzieht. Den Einzelnen ergeht es natürlich auch hier, je nach der Verschiedenheit der physischen und moralischen Kräfte verschieden, aber die Bedingungen des Erfolgs sind durchgängig dieselben; sie sind wesentlich in der persönlichen Tüchtigkeit der Auswandernden gelegen und von der Willkür böswilliger, nachlässiger oder unfähiger Beamten und gewissenloser Speculanten unabhängig.

Der Aufschwung, den die deutsche Auswanderung nach den Vereinigten Staaten seit der Julirevolution nahm, geht am deutlichsten aus einer statistischen Vergleichung hervor. Von 1820 bis 1830 erreicht und übersteigt die Menge dieser Emigranten nur einmal, im Jahre 1828 mit 1806 Auswanderern, die Zahl 1000; 1829 finden wir in den zuverlässigsten statistischen Nachweisen*) nur 582 deutsche Auswanderer verzeichnet. 1830 dagegen schon 1972, 1831: 2395, 1832: 10,168, 1834: 17,654, 1836: 20,139 und so fort in den folgenden Jahren, zuweilen wieder abnehmend, aber in keinem Jahre weniger als 7000, bis dann von 1845 an wieder eine neue Zunahme bemerklich wird, die im Jahre 1854, wo 206,054 deutsche Auswanderer in den Häfen der Union landeten, ihren Höhepunkt erreicht, von dem sie sich in den letzten Jahren wieder beträchtlich entfernt hat.**) Von 1819 bis 1855 waren 1,241,081, nach nichtofficiellen Schätzungen in dem Jahrzehnt von 1850 bis 1859 nahe an 800,000 Deutsche in die Vereinigten Staaten eingewandert.***)

Neben der Auswanderung nach den Vereinigten Staaten geht die nach Canada als eine im Wesentlichen ähnliche her. Auch hier findet der Auswanderer geordnete politische Zustände, lohnende Arbeit, einen leicht zu erwerbenden gesicherten Besitz. Gleichwohl hat die überwiegende Mehrzahl der deutschen Auswanderer den Vereinigten Staaten den Vorzug gegeben; selbst die in den letzten Jahren sehr häufig ge-

*) William J. Bromwell, of the Departement of State, History of Immigration to the United States, exhibiting the number etc. of passengers arriving in the United States by sea from foreign counties, from September 30, 1819 to December 31, 1855, compiled entirely from official data. Der Verf. schöpft seine Angaben 1) aus den Jahresberichten des Staatssecretairs für das Auswärtige an den Congreß; 2) aus den, dem Staatssecretair von den Zollbeamten, erst nach Vollendung der Jahresberichte übermittelten Passagierlisten, 3) aus auf den Zollhäusern zu andern Zwecken aufgenommenen Verzeichnissen. Seine Daten sind die zuverlässigsten, welche wir besitzen, sollte auch die Genauigkeit der Zahlen der deutschen Auswanderer, die unter den beiden Rubriken Prussia und Germany aufgeführt werden, vielleicht dadurch beeinträchtigt sein, daß möglicher Weise ein Theil der von nichtdeutschen Häfen angekommenen Deutschen mit als Angehörige des betreffenden fremden Landes aufgeführt wäre. Bessere Materialien stehen uns jedenfalls nicht zu Gebot, da wir an zuverlässigen europäischen Angaben über die deutsche Auswanderung nur die Zahlen der über Bremen und Hamburg direct Ausgewanderten und diese erst seit dem Jahre 1836 besitzen.

**) 1855: 71,918,
1858: 45,310,
1859: 59,315.

***) Die deutsche Bevölkerung der Ver. Staaten betrug nach dem Census von 1850 über 5½ Millionen.

wordene Benutzung der canadischen Route nach dem Westen der Vereinigten Staaten hat in diesem Verhältniß keine Veränderung hervorgebracht. Gerade die Verwandtschaft der canadischen Zustände mit denen der benachbarten Union scheint die Auswanderer zu Vergleichen besonders aufzufordern, die denn doch zum Vortheil des jüngeren Freistaats ausfallen müssen. Ein rauheres Klima erwartet den Ansiedler in Canada, in Gegenden, die zwar nicht völlig unwegsam und von aller Communication mit den Mittelpunkten der Civilisation oder den nöthigen Märkten abgeschnitten, wie in Südamerica, aber doch bei Weitem nicht in dem Maaße in stetig wachsendem Zusammenhang mit dem civilisirten Theil des Landes stehen, wie in den Vereinigten Staaten. Auch in Canada bethätigt sich die angelsächsische Energie in einer großartigen Entwicklung des Landes; doch aber kann hier, so lange nur ein verhältnißmäßig kleiner Bruchtheil, selbst der englischen Auswanderung, seine Schritte nach diesem Lande lenkt, auch die Eroberung des westlichen Theils und die davon zu hoffende Zunahme der europäischen Kolonisation nur eine langsamere sein. Die Landschenkungen,*) welche die canadische Kolonialregierung seit einigen Jahren Einwanderern in großem Umfang gewährt, bekunden mehr als alles Andere, sowohl das Bedürfniß des Landes nach europäischen Ansiedlern, als die Nothwendigkeit außerordentlicher Mittel zur Befriedigung jenes Bedürfnisses. Ganz überwiegend scheint aber auf die Masse der Einwanderer die Rücksicht auf die politischen Verhältnisse beider Länder zu wirken, welche sie in Canada zu englischen Kolonialunterthanen, in den Vereinigten Staaten aber zu gleichberechtigten Bürgern eines großen Freistaats machen. Während hier Alles zusammenwirkt, die Deutschen anzuspornen, sich zu einem wichtigen Factor des politischen Lebens zu machen, vermag die koloniale Existenz weder die deutschen Bauern, die sich auf von Pensylvanier-Deutschen gegründeten Niederlassungen in Waterloo-County seit lange angesiedelt haben, aus einer allen Culturinteressen entfremdeten Lethargie, in der sie fortvegetiren, herauszureißen, noch den neuhinzugekommenen Elementen einen Ersatz für die verlorene Existenz zu bieten. — Nach einer anscheinend der Wahrheit ziemlich nahe kommenden Angabe beträgt die Zahl der jährlich aus Europa überhaupt nach Canada Einwandernden etwa ein Zehntel der nach den Vereinigten Staaten Ueber-

*) S. Canada. Eine Darstellung der natürlichen, socialen und Verkehrsverhältnisse dieses Landes. Mit besonderer Rücksicht auf die Ansiedlung. Berlin 1858. S. 79. 80.

siedelnden. Auch die deutsche Auswanderung nach Canada dürfte sich in demselben Verhältniß halten.

Uebergehend zu der Betrachtung der Einzelauswanderung nach Australien, haben wir zuvörderst kurz einer Reihe geschlossener deutscher Ansiedlungen im Süden dieses Welttheils zu gedenken, deren Erwähnung wir uns bis hieher verspart haben. Abermals begegnen wir hier der Erscheinung, daß kirchlicher Druck eine Secte zur Auswanderung treibt und daß die Energie ihrer religiösen Ueberzeugungen ihr Fortbestehen auf transatlantischem Boden unter den schwierigsten Verhältnissen ermöglicht. Die Alt-Lutheraner in Ostpreußen, namentlich in Schlesien, fingen 1838 an, zu ganzen Gemeinden, unter Anführung ihrer Prediger, ihre Heimath zu verlassen und nach Südaustralien überzusiedeln. Sie gründeten dort die Ortschaften Klemzig und Hahndorf zu einer Zeit, wo der Landbau in der Kolonie fast noch gar nicht betrieben wurde. Später folgten andre Ansiedlungen, wie Bethanien, Ober- und Unterlangmeil, Augeston, Lobethal, Gottesgnaden u. A.*) Sie gediehen vortrefflich und boten die Anknüpfungspunkte zu einer weiteren Kolonisation des umliegenden Gebiets durch eine 1843 beginnende, regelmäßige, nun nicht mehr durch religiöse Motive bestimmte deutsche Auswanderung nach Südaustralien. Einer dauernd ersprießlichen Kolonisation stellten sich aber hier, wie später in den übrigen australischen Kolonien, unüberwindliche Schwierigkeiten entgegen. Im geraden Gegensatz nämlich zu dem Verfahren der Vereinigten Staaten, dem Einwanderer in größter Auswahl und zu billigstem Preise Land zur Disposition zu stellen, ist in Australien der Landerwerb grundsätzlich erschwert. Die Squatters, die großen Heerdenbesitzer, die ihren angemaßten Besitztitel auf die von ihnen occupirten großen Landstrecken von der Regierung angefochten zu sehn fürchten, haben ihren Einfluß auf die gesetzgebenden Versammlungen dazu zu benutzen gewußt, der Regierung ein System des Landverkaufs abzunöthigen, dessen unerschwinglich hohe Preise die freie Ansiedlung unbemittelter Einwanderer völlig unmöglich macht.**) In Folge dessen ließ denn auch die freie Einwanderung deutscher Bauern nach Südaustralien nach einem ersten Aufschwung in

*) Vgl. Heising, Die Deutschen in Australien S. 9 ff. und von demselben Verf.: Südaustralien. Ein Beitrag zur deutschen Auswanderungsfrage. Berlin 1851. S. 24 ff.

**) Vgl. Samuel Sidney, Australien, deutsch von C. Volckhausen. Hamburg 1854. S. 124 ff. 192. ff.

den Jahren 1843 bis 1849 bald wieder bedeutend nach. — Mit der im Jahre 1851 erfolgenden Entdeckung der Goldminen in den Kolonien New-Süd-Wales und Victoria, gewinnt die Auswanderung nach Australien eine andere Gestalt. Zu den Schaaren von Goldsuchern, die von jenem Augenblick an die Goldkolonien überschwemmten, steuerte und steuert auch Deutschland ein beträchtliches Contingent bei; mit demselben eine große Anzahl von Handwerkern, die, sofern ihr Handwerk ihnen Beschäftigung bei der mit wunderbarer Schnelligkeit vollführten Vergrößerung der Städte verschaffen kann, einen guten Erwerb finden. Für den freien Landbauer ist aber aus den erwähnten Gründen auch in diesen Kolonien kein günstiger Boden, während das Schicksal der bei dem Landbau beschäftigten Arbeiter noch weniger beneidenswerth erscheint. Dieselbe verkehrte Kolonialpolitik, die den Boden theuer macht, sucht nämlich den großen Grundbesitzern zu möglichst billigem Lohn Arbeiter zu verschaffen. Durch die Gewährung freier Passage nöthigt sie daher mittellose Auswanderer zu der schon in Europa übernommenen Verpflichtung, den Vorschuß in Australien wieder abzuarbeiten. Unter diesen Umständen kann es nicht Wunder nehmen, daß die australischen Kolonien in den letzten Jahren nur einen sehr geringen Bruchtheil der deutschen Auswanderer an sich zu ziehn vermocht haben.*)

Wir dürfen unsere Umschau nicht schließen, ohne auch der bisherigen deutschen Auswanderung nach Africa, Asien und nach europäischen Ländern mit einem Worte gedacht zu haben.

In Algerien hat die französische Regierung wiederholte Versuche gemacht, den Landbau durch deutsche Ansiedler betreiben zu lassen. Die wenigen Deutschen aber, die es mit einer Niederlassung in einer unter französischer Militairherrschaft stehenden, von Orientalen bewohnten Kolonie gewagt, haben ihren Entschluß bitter zu bereuen gehabt. Ungesundes Klima, physische und geistige Isolirtheit und die Unbehaglichkeit eines alle Verhältnisse beherrschenden Militairregiments haben hier zusammengewirkt, um die deutsche Einwanderung nicht über ganz vereinzelte und verunglückte Anfänge hinauskommen zu lassen. „Die Kolonisation", so heißt es in dem Bericht des Prinzen Napoleon über Algier im Moniteur vom 3. September 1858, „ist fast Null, kaum

*) So wanderten beispielsweise nach Australien aus:

	über Hamburg	über Bremen
im Jahre 1858	900	675 Personen
im Jahre 1859	1025	— Personen.

200,000 Europäer, wovon die Hälfte Franzosen, weniger als 100,000 Feldbebauer; die Capitalien sind selten und theuer, der Geist der Initiative und der Unternehmungsgeist sind erstickt, der Grundbesitz ist auf dem größten Theil des Territoriums noch erst zu constituiren, Entmuthigung herrscht unter den Kolonisten und Capitalisten, welche kommen, um Algiers Boden zu befruchten, — das ist die wahre Lage."

Ueber die von den Engländern am Cap der guten Hoffnung aus den Ueberresten der deutschen Legion gegründeten Kolonien, deren Bevölkerung durch deutsche Auswanderer die englische Regierung sich eben jetzt angelegen sein läßt, lauten die Berichte zu verschieden, als daß sich schon jetzt ein bestimmtes Urtheil über das noch so junge Unternehmen fällen ließe.

In Europa sind es vorzüglich die Donauländer, deren Besiedlung durch Deutsche schon zu Ende des siebzehnten Jahrhunderts versucht worden ist. Bereits nach dem Karlowitzer Frieden (1699) suchte man den Wiederanbau des verwüsteten Landes durch Ansiedlung von Würtembergern, Hessen, Nassauern und Rheinpfälzern auf den Gütern der großen Grundbesitzer zu fördern. Nach Beendigung des siebenjährigen Krieges ward die Kolonisation von Maria Theresia aufs Neue eifrig betrieben. Während das strenge Auswanderungs-Reichsedict vom 7. Juli 1760 in Kraft stand, und während die Kaiserin die in Oesterreich bestehenden Auswanderungsverbote verschärfen und auf spanische und russische Auswanderungscommissaire fahnden ließ, wurde in ihrem Auftrag im Reiche eifrigst für Ungarn geworben, wo den mit Reisegeld unterstützten Kolonisten sechsjährige Steuerfreiheit, unentgeltliche Anweisung von Bau- und Brennholz u. s. w. zugesagt wurde. Von 1763 bis 1774 konnten jährlich 1000 bis 2000 Individuen, meistens Deutsche, in Ungarn und im Banat angesiedelt werden. Einen abermaligen Aufschwung nahm dann die Auswanderung nach den österreichischen Donauländern unter Joseph II., dessen Patente vom 21. September 1782 und 14. April 1783 die Wirkung hatten, gegen 38,000 deutsche Einwanderer nach Ungarn und Galizien zu ziehen. Mit dem Tode Joseph's II. aber, dessen Nachfolger der Heranziehung fremder Einwanderer grundsätzlich abgeneigt waren, ließ die Auswanderung nach den österreichischen Kronländern fast ganz nach; erst in unsern Tagen werden von der Regierung wieder Versuche zu ihrer Belebung gemacht, auf welche wir später zurückkommen.

Ein rein historisches Interesse bieten endlich die in der zweiten Hälfte des vorigen und zu Anfang dieses Jahrhunderts gegründeten, aber in sich abgeschlossenen und für die fernere Gestaltung der deutschen Auswanderung bedeutungslosen deutschen Kolonien in Rußland dar. Von 1763 bis 1770 siedelten sich auf Veranlassung der russischen Regierung Deutsche, namentlich Würtemberger, Hessen und Sachsen, zu beiden Seiten der Wolga in den Bezirken von Saratow, Kampschin, Atkarsk und Wolsk, in 104 Kolonien an, deren von der russischen Regierung mit großem Kostenaufwand und eben so großer Umsicht vorbereitetes Gedeihen einen erfreulichen Gegensatz zu den Zuständen gewährt, die wir bei den meisten südamericanischen Kolonien kennen gelernt haben. — Auch in der Gegend von Odessa, in der Krimm, und in Georgien findet sich eine Reihe 1804 bis 1816 gegründeter deutscher Niederlassungen, die anfänglich zum Theil mit großen Schwierigkeiten zu kämpfen gehabt haben, deren jetziges Ergehn aber nach den übereinstimmenden Berichten neuerer Reisender nichts zu wünschen übrig läßt. Selbst in Westsibirien giebt es vier deutsche Dörfer mit 800 Ackerbau und Viehzucht treibenden Einwohnern. Alle diese Ansiedlungen indeß, sowie eine Reihe anderer, — die deutschen Gemeinden am Monte-Rosa, die Ansiedlungen auf der Sierra Morena u. A., — stehen mit dem eigentlichen Interesse dieser unserer Uebersicht nur in einem ganz losen und entfernten Zusammenhang.

Wir dürfen statt dessen endlich die Resultate unserer bisherigen Darstellung zusammenfassen und eine Antwort auf die früher angedeuteten Fragen versuchen. Die Frage, die sich bei jeder Beschäftigung mit dem Schicksal der deutschen Auswanderer zuerst aufdrängt, die Frage, wo es der Masse der Auswandernden am besten ergeht, ist nach unserer Schilderung der Verhältnisse in den verschiedenen Ländern unschwer zu beantworten. Nirgends finden die den Kern der Auswanderung bildenden Klassen der Arbeiter, und vor Allem der deutsche Bauer, alle Bedingungen des Wohlergehns in gleicher Weise vereinigt, wie in den Vereinigten Staaten von Nordamerica. Der deutsche Arbeiter, wenn er den Muth hat, seinen Zunftgewohnheiten und der Exclusivität seines Einen Handwerks zu entsagen, wenn er aus der americanischen Gewerbefreiheit, die Jedem Jedes zu treiben gestattet, Vortheil zu ziehen versteht, findet hier ein unbegrenztes und dankbarstes Feld für seine Thätigkeit. Abgesehen von der Leichtigkeit und Sicherheit des Landerwerbs, findet der deutsche Landmann im ganzen Norden der Union ein dem heimathlichen verwandtes Klima und eine einfache Art des Ackerbaues, deren Aneignung ihn nichts kostet, als das ernste Aufgebot seiner Kräfte. Wenn er dieses nicht scheut, wenn er die Erreichung seines Zieles mit nachhaltiger Entschlossenheit verfolgt, so wartet seiner ein Lohn, wie er ihn in Deutschland niemals gefunden haben würde. Dafür hat noch neuerdings ein einsichtiger Beobachter die schlagendsten Belege beigebracht. „Im Sommer 1856, — erzählt Julius Fröbel in seiner kleinen Schrift über die deutsche Auswanderung und deren culturhistorische Bedeutung, — wurde während der Erntezeit in der Nähe von New-York auf dem Lande ein Tagelöhner für die Feldarbeit täglich mit vierzehn New-Yorker Schillingen (— 4 Gulden 22 Kreuzer Rheinisch) bezahlt, und es fehlte doch noch an Arbeitskräften. Der so bezahlte Arbeiter kann, wenn er auch täglich einen halben Dollar verbraucht, was, bei Beköstigung, nicht nöthig ist, täglich den Gouvernementspreis für einen Acker Land zurücklegen. Zwei Monate solcher Beschäftigung bei strenger Sparsamkeit geben ein Bauergut. Daß solche Bezahlung nicht das ganze Jahr fortdauert, ändert an der Bedeutung der Thatsache, auch wenn sie nur eine ausnahmsweise Bedeutung hat, nichts. Denn anderwärts kommen nicht einmal solche Ausnahmen vor, und kämen sie vor, so fehlte die Gelegenheit, aus ihrer Gunst solchen Vortheil zu ziehen. Arbeitspreis und Landpreis, jeder für sich betrachtet, entscheiden nichts; in Verbindung entscheiden beide Alles. Wo das Land theuer und die Arbeit wohlfeil ist, da ist auch dem fleißigsten und arbeitskräftigsten Manne die Hoffnung benommen, sich unabhängig zu machen; ein Land dagegen, wie die Vereinigten Staaten, mit wohlfeilem Boden und theurer Arbeit, ist das Paradies des armen Mannes und bis jetzt kann kein Land der Welt den Vereinigten Staaten den Ruhm streitig machen, dies zu sein:*) fügt man hinzu, daß zu diesem Vorzuge die höchste Freiheit kommt, den Vortheil nach eignem Ermessen zu benutzen, so ist es in der That schwer einzusehen, wie, soweit die Interessen der ärmeren Volksklasse in Betracht kommen, ein anderes Land mit den Vereinigten Staaten concurriren kann." Nicht minder günstig aber liegen die Verhältnisse für die geselligen und geistigen Bedürfnisse dieser Klasse von Auswanderern. Tausendfältige Erfahrun-

*) Sie werden es in noch viel höherem Grade werden, wenn die bereits in beiden Häusern des Congresses durchgegangene, aber von dem Präsidenten Buchanan mit seinem Veto belegte Heimstättebill, welche den Einwandernden die Möglichkeit gewährt, Congreßland, noch ehe es zum öffentlichen Verkauf ausgeboten wird und bevor es den Landspeculanten in die Hände fallen kann, zu erwerben und den außerordentlich billigen Preis erst nach der Bebauung zu bezahlen, wahrscheinlich sehr bald unter einem republikanischen Präsidenten zum Gesetz erhoben werden wird.

Anm. d. Verf.

gen beweisen es, daß der deutsche Auswanderer von niederer Bildungsstufe sich mit dem americanischen Nachbar schnell befreundet und sich in das americanische Leben behaglich einlebt. Für seine kirchlichen Bedürfnisse ist bekanntlich in den Vereinigten Staaten auf das Ausgiebigste gesorgt; die Erziehung seiner Kinder machen ihm die überall vorhandenen und verfassungsmäßig reichlich ausgestatteten Staatsschulen leicht; die Aussicht endlich, diese Kinder nicht, sobald sie erwachsen sind, ihrem Beruf entrissen und einem lästigen Militairdienst unterworfen zu sehn, und die gänzliche Abwesenheit jeder Art von polizeilicher Schererei — eines vaterländischen Plagegeistes, der neben dem Militairdienst auf den Entschluß der meisten Auswandernden von größtem Einfluß ist, — sind in den Augen der deutschen Auswanderer Vortheile, die den Verlust der heimathlichen Gemüthlichkeit mehr als aufwiegen.

Groß, natürlich, ist auch in den Vereinigten Staaten, dem Umfang der Auswanderung entsprechend, die Zahl der Fälle, wo Auswanderer in ihren Hoffnungen getäuscht, mit allen ihren Plänen elend gescheitert sind. Die Schuld aber liegt hier nicht an der Wahl des Ziels überhaupt, sondern an der fehlerhaften Art es zu verfolgen. Tausende, die sich ohne Mittel, ohne Anschluß an Andere, ohne Freunde in die neue Heimath hinausgewagt und auf's Gerathewohl ihr Glück in den mit Arbeitern und Handwerkern überfüllten Städten oder auf leichtsinnig ohne Prüfung gekauftem Lande, fern von Heimathsgenossen, versucht haben, sind hülflos zu Grunde gegangen oder sind Betrügern in die Hände gefallen und ein Opfer ihres Leichtsinns geworden. Alle aber, die Ueberlegung genug besessen, vorsichtig zu Werke zu gehn, und Kraft genug, die immer vielfältigen Schwierigkeiten der Uebersiedlung zu überwinden, sind mit mehr oder weniger glänzendem Erfolg dahin gelangt, sich eine sichere und freie Existenz zu begründen; sie können eine solche, wenn die erste Ansiedlung nicht gedeihen wollte, unter Benutzung der gesammelten Erfahrungen an anderen, in Fülle zu freier Auswahl vorhandenen Plätzen suchen. — Auch abgesehen aber von den Landleuten, denen, wenn sie als Arbeiter im Dienste Anderer beginnen wollen, der hohe Lohn, mit dem die Arbeit bezahlt wird, bald genug dazu verhilft, den niedrigen Preis, den das Land kostet, zu erübrigen und sich selbstständig zu machen, haben Unzählige, wenn auch nach manchen Fehlschlägen, von der Verkehrs- und Gewerbefreiheit des neuen Vaterlandes Vortheil ziehend, als Handwerker ein glückliches Loos gefunden. Freilich sind die Gefahren, die dem Auswanderer in den Vereinigten Staaten drohen, ebenso unbegrenzt, wie die Mittel und Wege des Fortkommens. Die weit überwiegende Mehrzahl der deutschen Auswanderer ist aber von dem durchaus richtigen Gedanken oder Instinct geleitet gewesen, daß eine Auswanderung ohne Gefahren überall nicht denkbar, und daß, wer denselben durch Anschluß an von Anderen geleitete Unternehmungen zu entgehn hofft, sich in der Regel nur vor dem drohenden Ungemach, das doch keine höhere Leitung von ihm abzuwenden vermag, feige zu verstecken sucht.

Der gebildete Auswanderer freilich wird die Grundverschiedenheit der americanischen Weltanschauung von der deutschen, den derben Realismus, der sich in allen Verhältnissen des americanischen Lebens rücksichtslos geltend macht, im Anfang schmerzlich empfinden. Er wird diesen Schmerz nur dann überwinden, wenn er sich entschließt, in der Theilnahme an dem politischen Leben und an der Entwicklung eines großen, zukunftreichen Staats Entschädigung für Genüsse zu suchen, die er fortan nur noch im eigenen Gemüthe oder höchstens in seiner Familie zu finden hoffen darf. Die neuerdings von einem großen Theil dieser Klasse deutscher Auswanderer richtig erkannte Aufgabe derselben kann nur die sein, sich die Vorzüge deutscher Bildung neben dem thätigen Antheil an dem americanischen Leben zu bewahren, und, indem sie sich zu einem achtunggebietenden Bestandtheil der americanischen Nation machen, auch ihrer idealeren Lebensauffassung eine, wenn schon nur allmähliche Wirkung auf das americanische Leben zu sichern.

Daß Canada dieselben Vortheile, wie die Vereinigten Staaten bietet, aber doch in geringerem Maße, und ohne an die Energie des deutschen Ansiedlers geringere Ansprüche zu stellen, haben wir bereits oben angedeutet. — Australien kann demjenigen, der sein Glück in der Lotterie des Goldsuchens versuchen will, unter unzähligen Nieten auch einmal das große Loos zuwerfen. Auch Handwerker und Dienstboten finden dort lohnende Beschäftigung: dem eigentlichen Ansiedler ist der daselbst künstlich hergestellte hohe Landpreis geradezu ungünstig.

Einen durchgreifenden Gegensatz gegen die Auswanderung nach den zuletzt genannten drei Ländern, bildet, wie wir gesehen haben, die auf künstlicher Veranstaltung beruhende Auswanderung nach Central- und Südamerica. Dieser große Gegensatz aber, wie er durch ungünstige physische und moralische Verhältnisse jener Auswanderungsländer gegeben ist, bezeichnet auch erschöpfend die ungünstige Lage der dahin Ausgewanderten. Man hat gegen einzelne südamericanische Regierungen, insbesondere gegen die brasilianische, den Vorwurf einer kleinlichen und engherzigen Politik erhoben, weil sie die unbevölkerten Gegenden ihrer Länder noch nicht der freien Einwanderung eröffnet haben. Nur theilweise mit Recht. Nicht die Regierungen, sondern die Verhältnisse, deren Beherrschung außerhalb ihrer Macht liegt, trifft hauptsächlich die Schuld. Nicht die Regierungen, sondern wesentlich die Nationaleigenschaften der Bewohner, ihre unüberwindliche Indolenz, ihr Mangel an aller Thatkraft und Ausdauer, großentheils aber auch die natürlichen Bodenverhältnisse verschulden es, wenn die südamericanischen Staaten fast ausnahmslos das Bild einer großen Wildniß darbieten, in der nur vereinzelte Oasen oberflächlicher Civilisation auftauchen. Von einer freien Einwanderung in eine „Wüste," — wie einer der aufgeklärtesten südamericanischen Schriftsteller*) noch kürzlich Südamerica genannt hat, — kann aber nicht wohl die Rede sein. Nur auf ganz kleinen Strecken unter sorgfältigster Berücksichtigung aller für die Existenz einer kleinen Gemeinde nöthigen Erfordernisse von Seiten gewissenhafter Unternehmer sind bisher einzelne Ansiedlungen in Südamerica möglich gewesen. Alle weniger vorsichtig geleiteten oder in größerem Maßstab angelegten Unternehmungen haben, wie wir an nur zu vielen traurigen Beispielen nachwiesen, scheitern müssen. Um aber das Loos der Ansiedler auch auf den bestgedeihenden unter den südamericanischen Kolonien richtig zu würdigen, muß man die bescheiden vegetirende Existenz derjenigen unter ihnen, die, wie San Leopoldo und Donna Francisca in Südbrasilien den ungefähren Maaßstab für das unter den gegebenen Verhältnissen Erreichbare bieten, mit der Riesenentwicklung des nordamericanischen Westens vergleichen, an der die deutschen Einwanderer den thätigsten Antheil nehmen, mit der wunderbaren Schnelligkeit, mit der sie dort an der Seite eines mächtigen, von einer Thatkraft ohne Gleichen beseelten Volkes, bisher von der Civilisation unberührte Gegenden bevölkern und bebauen und aus Wildnissen Städte und Staaten hervorzaubern. In diesem Contrast ist die ganze physische und geistige Existenz des südamericanischen Kolonisten umschrieben. Es ist im besten Fall eine Rückkehr zu patriarchalischen Zuständen, die der Individualität Einzelner vortrefflich zusagen mögen, in denen aber die Bedingungen eines gedeihlichen Zusammenlebens von Menschen unseres Jahrhunderts unmöglich gelegen sein können. Vielmehr bieten jene Zustände die dringendste Gefahr der Verwilderung und Entfremdung von aller Cultur, deren erste Elemente,

*) Alberdi in einer 1856 in Besançon erschienenen Schrift über die politische und ökonomische Organisation der Argentina, bei Gervinus, Gesch. des 19. Jahrhunderts IV. S. 761 ff. „Südamerica," heißt es in dieser Schrift, „wie es ist, ist eine Wüste; seine Politik muß die Politik der Wüste sein."

Gottesdienst und Unterricht, dem Ansiedler nur in der dürftigsten Gestalt zu Gebote stehen.

Und mit dem Stück Nationalität, welches Menschen unter solchen Verhältnissen sich zu bewahren wissen, mit dem Bewußtsein, daß einige wenige Deutsche zerstreuet an einzelnen Punkten ferner Länder von fremdester Cultur und Sitte, ein Dasein führen, dessen selbst ideeller Zusammenhang mit der Heimath nur zu bald verloren gehen muß, — mit diesem Bewußtsein, auf das sich bisher noch aller Gewinn Deutschlands an den südamericanisch-deutschen Kolonien beschränkt, sollte das Interesse des Vaterlands besser gewahrt sein, als durch die Wahl jener anderen Söhne, die freilich ihre Nationalität gegen eine neue vertauschen müssen, damit aber eine des deutschen Geistes würdige culturhistorische Aufgabe erfüllen, die weder das Aufgeben der besten nationalen Eigenschaften noch das Zerreißen jedes Zusammenhangs mit der früheren Heimath bedingt? Vielmehr ist der ununterbrochene Lauf des Auswanderungsstroms Ursache und Wirkung zugleich eines fortdauernden Wechselverkehrs zwischen Fortziehenden und Zurückgebliebenen, eines Wechselverkehrs, der jene die Heimath nicht vergessen, diese aber mit einer Welt von neuen Anschauungen und Erlebnissen vertraut werden läßt, die von dem tiefgreifendsten und wohlthätigsten Einfluß auf den eigentlichen Kern unserer einheimischen Bevölkerung sein müssen. Gerade in den letzten Jahren hat dieser Verkehr durch die erleichterte Communication außerordentlich zugenommen. Hunderte kehren zurück, nicht weil ihre Hoffnungen gescheitert, sondern weil sie erfüllt sind, um Geschäftsverbindungen anzuknüpfen, ihre Freunde und Verwandten wiederzusehen und ihnen ein lebendiges Beispiel des Erfolges zu zeigen, zu dem Fleiß und Tüchtigkeit fast ausnahmslos in den Vereinigten Staaten führen. Wenn die Deutschen in America ihre nationalen Eigenschaften in dem dortigen öffentlichen Leben zur Geltung zu bringen die Aufgabe haben, so erfüllen sie in der alten Heimath umgekehrt den Beruf, durch schriftliche und mündliche Mittheilungen den Gesichtskreis ihrer Landsleute nach der Seite des praktischen Lebens hin zu erweitern und etwas von dem Geist americanischer Selbstthätigkeit auf sie zu übertragen. Auch diesen Vortheil kann Deutschland wesentlich nur von der Auswanderung nach den Vereinigten Staaten ziehen, nicht nur weil dort allein der Auswanderer sich in vollem Umfang die Eigenschaften anzueignen vermag, welche unserem Nationalcharakter so groß Noth thun, sondern auch weil die Vereinigten Staaten allein unter allen Auswanderungsländern mit Deutschland in einer von Tage zu Tage beschleunigten und vermehrten, einen ununterbrochenen Wechselverkehr ermöglichenden, Communication stehen. —

Wenn wir aber bisher bei unserm Urtheil über die Vortheile der Auswanderung für Deutschland die Auswanderung als eine gegebene Thatsache hinnahmen, so müssen wir jetzt noch einen Schritt weiter gehen und über die absolute Bedeutung der Auswanderung für Deutschland in's Klare zu kommen suchen.

Die so verbreitete Ansicht, daß die Auswanderung, — um mit der handgreiflichsten Wirkung derselben zu beginnen, — von dem wesentlichsten Einfluß auf die Bevölkerungsverhältnisse Deutschlands, daß sie ein Mittel sei, einer vorhandenen Uebervölkerung zu steuern, und folglich, wo diese nicht vorhanden, eine bedenkliche Entvölkerung bewirken könne, hat Roscher*) gründlich widerlegt. Selbst auf ihrem Höhepunkt, im Jahre 1854, vermochte dieselbe, wie der gründliche Nationalökonom nachweist, den jährlichen Ueberschuß der Geburten über die Sterbefälle bei Weitem nicht auszugleichen. In dieser Beziehung also giebt die Auswanderung weder zu Hoffnungen noch zu Besorgnissen Veranlassung.

Wichtiger aber ist die Frage nach den ökonomischen Vortheilen oder Nachtheilen, welche für Deutschland aus seiner Auswanderung erwachsen. Roscher nimmt keinen Anstand zu behaupten, daß unsere Auswanderer, mögen sie nun nach Canada oder den Vereinigten Staaten, nach Rußland, Australien oder Algerien ziehen, dem Vaterlande mit Allem, was sie haben und sind, regelmäßig verloren gehen, und führt bei dieser Gelegenheit eine Bemerkung des französischen Nationalökonomen Horace Say an, der die jetzige deutsche Auswanderung mit der jährlichen Aussendung eines vollständig gerüsteten Heeres von 100 bis 150,000 Mann vergleicht, das aber sofort nach dem Ueberschreiten der Grenze für immer verschwindet, — ein Bild, dessen Spitze, wie Fröbel treffend bemerkt, schärfer wäre, als sie ist, wenn das national-ökonomische Verhältniß der Völker wirklich nichts anderes als ein Krieg wäre. Das ist es aber so wenig, daß vielmehr eine Solidarität der materiellen Interessen aller Länder besteht, die das Gedeihen jedes Landes auch für jedes andere an dem Handelsverkehr der Welt theilnehmende Land ersprießlich macht. Es bedarf aber keineswegs eines absolut freihändlerischen Standpunkts, um sich von der Un-

*) Kolonien, Kolonialpolitik und Auswanderung. Leipzig und Heidelberg 1856. Die deutsche Auswanderung S. 392 ff.

richtigkeit der Ansicht jener beiden nationalökonomischen Autoritäten zu überzeugen. In einer viel näher liegenden Sphäre finden wir das reichlichste Material zur Widerlegung jener Ansichten. Gerade in dem letzten Jahrzehnt, in welchem die Auswanderung aus Deutschland zu einem so außerordentlichen Umfang angewachsen ist, haben sich Handel und Industrie in Deutschland und in Folge dessen der allgemeine Wohlstand mehr gehoben, als je zuvor in einem gleichen Zeitraum. So ist der Aufschwung der deutschen Rhederei eine ganz unleugbare Folge der Auswanderung, die Wirkung jener aber auf den Handelsverkehr Deutschlands mit überseeischen Ländern eine Thatsache, die schwerlich Jemand in Abrede zu stellen unternehmen wird. — Im Jahre 1850 besaßen die beiden großen deutschen Nordseestädte Bremen und Hamburg zusammen 605 Schiffe; Ende 1857 hatte sich diese Zahl in Folge der außerordentlichen Zunahme der über diese Häfen beförderten Auswanderung, auf 771 vermehrt, — eine Handelsflotte, deren Werth man mit 24 Millionen Thaler nicht zu hoch anschlägt, deren Erbauung, Einrichtung und wiederkehrende Ausrüstung dem einheimischen Gewerbfleiß in den verschiedensten Zweigen den mannigfachsten Absatz gewährt, deren Reisen aber die seemännische Erziehung unserer Küstenbewohner in einer Weise fördern, die sich, wenn wir früher oder später die Bemannung einer deutschen Flotte brauchen werden, im vaterländischen Interesse bewähren wird. Wie aber die Auswanderung diesen erfreulichen Fortschritt der Rhederei wesentlich mit hervorgerufen hat, so wirkt sie auch nachweislich auf den transatlantischen Handelsverkehr in directester Weise.

Diese Thatsachen liefern, denken wir, einen überzeugenden Beweis dafür, daß die deutschen Auswanderer dem Vaterlande nicht mit Allem, was sie haben und sind, verloren gehn, vielmehr auf Handel und Industrie Deutschlands einen entschieden fördernden Einfluß üben. — Fröbel gesteht zwar zu, daß Industrie, Schifffahrt und Handel aus der deutschen Auswanderung fortdauernd Vortheil ziehen, hält es aber auf der anderen Seite für unbestreitbar, daß dieser Vortheil nur einen sehr kleinen Theil des Gewinnes ausmacht, welchen Deutschland in nationalökonomischer Beziehung aus seinem großen Menschenbeitrag zur Bevölkerung außer-europäischer Länder, namentlich der Vereinigten Staaten zu ziehen mit Recht erwarten dürfte. Den Beweis dieser Behauptung aber ist er schuldig geblieben, und wir zweifeln, daß derselbe überhaupt zu führen ist. Fröbel selbst führt aus, daß der hauptsächlichste Grund der nicht zu leugnenden Erscheinung, daß die aus Deutschland stammende Bevölkerung der Vereinigten Staaten nur zum kleinsten Theil „die Kunden und Lieferanten" Deutschlands bildet, und daß der Handel anderer, viel weniger Auswanderer entsendenden Nationen mit den Vereinigten Staaten viel bedeutender als der deutsche ist, nicht in der Zerstreuung der Deutschamericaner unter den Angloamericanern, sondern in einer, sich zwar vermindernden, immer aber noch vorhandenen Unzulänglichkeit der deutschen Industrie zu suchen sei. „In einer vom Mutterlande abhängigen Kolonie," fügt er hinzu, „würde die Kolonialpolitik der Heimath die deutschen Auswanderer gewaltsam verhindert haben, sich fremder Waaren zu bedienen, die vollkommner sind, als die, welche der deutsche Handel bietet; in einer unabhängigen, aber wesentlich deutschen, d. h. in einem außereuropäischen Staate, würden sie wenigstens nicht durch angloamericanische Maßstäbe zu der Ungenügsamkeit verleitet werden, durch die sie jetzt getrieben werden, englische und französische Waaren den deutschen vorzuziehen." Wenn er endlich zugiebt, daß die Zerstreuung der deutschen Auswanderung auch den Vortheil für die deutsche Industrie gehabt hat, zur Erziehung derselben beizutragen, indem sie dieselbe nöthigen hilft, den höheren Anforderungen des americanischen Marktes zu genügen, daß eine deutsche Kolonie, welche auch mit Geringerem zufrieden gewesen wäre, diese Wirkung nicht hätte ausüben können, und daß die deutschen Auswanderer, wenn sie eine besondere deutsche Kolonie gebildet hätten, das nicht aus sich hätten machen können, was sie in den Vereinigten Staaten aus sich gemacht haben und täglich machen, — wenn Fröbel das Alles zugiebt und gleichwohl die nationalökonomischen Vortheile selbstständiger deutscher Kolonien noch unendlich viel höher anschlägt, so geht er dabei von einer Voraussetzung aus, deren Zutreffen man nur bedauern könnte, die aber, wenn seine eignen vorstehenden Behauptungen begründet sind, als geradezu falsch bezeichnet werden muß. Er nimmt an, daß in einem durch Deutsche zur Blüthe kommenden südamericanischen Lande, der deutsche Handel von vornherein die aus dem nationalen Lande entspringenden Vortheile hätte, während diese Vortheile in Nordamerica den Engländern zu Gute kommen, d. h. mit anderen Worten, daß die Deutschen in einer deutschen Kolonie sich aus Unbekanntschaft mit besseren Producten mit deutschen Waaren begnügen würden. Von einem Zwang des Mutterlandes würde — abgesehen davon, daß die Anwendung desselben als eine dem Handel des Mutterlandes höchst verderbliche Maßregel zu betrachten wäre — schon deshalb keine Rede sein können, weil die Gründung einer deutschen Kolonie im Sinne einer kolonialen Abhängigkeit von Deutschland, wie auch Fröbel anerkennt, völlig undenkbar ist. Deutschland würde also einem neuen transatlantischen Deutschland seine Waaren nur in Concurrenz mit anderen Nationen anbieten können, und die Hoffnung, daß es diese Concurrenz siegreich bestehen würde, kann sich nur auf die Annahme stützen, entweder daß die deutsche Industrie es mit der französischen und englischen aufzunehmen vermöge, oder daß die Gewöhnung der Deutschen an die heimathlichen Waaren sie vor dem Verlangen nach besseren schützen werde. Gerade mit dieser Annahme aber tritt Fröbel mit sich selbst in entschiedensten Widerspruch. „Die Deutschen der Vereinigten Staaten," sagt er im zwölften Brief, „kaufen englische und französische Waaren aus dem nämlichen Grunde, aus welchem in Deutschland diejenigen, welche dazu die Mittel und den guten Geschmack haben, dasselbe thun. Der Unterschied zwischen Deutschland und America ist dabei nur der, daß in ersterem Lande der Mehrzahl dazu die Mittel fehlen, und daß sie in ihrer Zufriedenheit mit dem Geringeren nicht gestört wird, während die Mehrzahl in letzterem dazu die Mittel besitzt, und sich durch angloamericanisches Beispiel unglaublich schnell daran gewöhnt, nur mit dem Besten zufrieden zu sein." Selbst also, wenn wir nicht, nach richtigen nationalökonomischen Grundsätzen, das Verlangen nach den besten Producten schon an und für sich für das Zeichen eines entwickelten Culturzustands und für einen mächtigen Hebel zu immer schnellerer Entwicklung der Industrie halten müßten, wenn wir die Abwesenheit des Beispiels der ungenügsamen Angloamericaner für einen Gewinn erklären wollten, so bliebe immer das entscheidende Moment des größeren Wohlstands, der die Deutschen, wo immer sie sich desselben erfreuen, selbst in der Heimath, ihre Waaren von dort beziehn läßt, wo sie sie am besten finden. Daß aber die erfolgreiche Gründung einer deutschen Kolonie überall nur dann denkbar wäre, wenn die Auswanderer in ihr dieselben Vortheile, denselben Wohlstand zu finden hoffen dürften, den ihnen die Vereinigten Staaten gewähren, liegt auf der Hand. — Ebensowenig wie die eben besprochene, würde eine andere Voraussetzung, auf die sich die Hoffnung eines stärkeren Absatzes deutscher Waaren in einer deutschen Kolonie stützen könnte, die Voraussezzung einer Ueberlegenheit oder wenigstens Ebenbürtigkeit der deutschen mit der englischen und französischen Industrie bis jetzt noch zutreffen. Diese Ebenbürtigkeit ist trotz des außerordentlichen Aufschwungs, den die deutsche Industrie in den letzten Jahren genommen hat, doch für die meisten Handelsartikel noch nicht vorhanden, und wenn sie es wäre, so hätte Deutschland wieder keine Ursache, einen anderen als den vorhandenen Markt, auf dem es von Engländern und Franzosen nur der Superiorität ihrer Industrie wegen aus dem Felde geschlagen wird, für seine Producte zu suchen. — Man sieht, die ganze Beweisführung zu Gunsten größerer, von deutschen Kolonien für Deutschland zu erwartender nationalökonomischer Vortheile bewegt sich in einem Kreise fehlerhafter Voraussetzungen und unrichtiger Schlüsse. Die nationalökonomischen Vortheile selbst der wirklich abhängigen Kolonien sind, sobald das Mutterland, wie England, in seinem eigenen wohlverstandenen Interesse den Freihandel an die Stelle einer engherzigen und veralteten Kolonialpolitik treten läßt, gleich Null. Der Grundsatz des alten Kolonialsystems und das Hauptinteresse des Mutterlandes an seinen Kolonien bestand darin, daß die Kolonien ihre Rohstoffe nach dem Mutterlande und nur nach diesem absetzen, und sich dagegen im Mutterlande, und nur in diesem, mit den ihnen nöthigen Manufacten versehn sollten. So wie aber das Mutterland jeden Anspruch auf commercielle Vorzugsrechte in seinen Kolonien aufgiebt und es ihnen freistellt, sich mit Waaren zu versorgen wo immer es ihnen beliebt, verzichtet es auch zugleich auf jeden anderen nationalökonomischen Vortheil, als den ihm seine industrielle Superiorität auch in anderen, als im Kolonialverhältniß zu ihm stehenden Ländern sichert. England findet in den Vereinigten Staaten heute einen unendlich viel ergiebigeren Markt, als zu der Zeit ihrer Abhängigkeit, und wenn man dieses Verhältniß auf den noch immerfort bestehenden engen nationalen Zusammenhang Americas mit England zurückführen wollte: — auch die französische Waareneinfuhr nach den Vereinigten Staaten ist bedeutender als die deutsche und hat nach Roscher in den zwölf Jahren von 1840/1 bis 1852/3 ohne alle französische Auswanderung dahin, um ungefähr eben so viel zugenommen, wie die deutsche mit aller deutschen Auswanderung — eine Erscheinung, die eben ganz allein aus der Vorzüglichkeit und Beliebtheit der französischen Handelsartikel zu erklären ist.

Können wir es nach alledem aus dem nationalökonomischen Gesichtspunkt nicht beklagen, daß Deutschland keine Kolonien hat, so stellt sich die Sache anders aus dem politischen Gesichtspunkt dar. Zwar auch in dieser Beziehung ist schon die jetzige Auswanderung nach den Vereinigten Staaten nicht ganz verloren. Die Belebung und Stärkung, welche unser Nationalcharakter aus dem Wechselverkehr der Ausgewanderten mit den Zurückgebliebenen zieht, der Antrieb zum Aufraffen aus seiner Receptivität zu größerer Thatkraft und Energie, der ihm daraus erwächst, ist auch ein politischer Gewinn. Aber freilich, es ist nur ein schwaches Surrogat für den Nutzen, den Deutschland für seine politische Weltstellung aus einer transatlantisch-deutschen Kolonie würde ziehen können. Ein Anderes sind die directen nationalökonomischen, materiellen Vortheile, welche Kolonien jetzt nicht mehr gewähren, ein Anderes die politische Machtstellung, die Rolle, welche eine Nation auf dem politischen Welttheater spielt, auf deren Wichtigkeit der Besitz von Kolonien von dem entscheidendsten Einfluß ist und immer mehr werden wird, je mehr sich die Scene politischer Action erweitert. Aus diesem Gesichtspunkt würden wir die Möglichkeit der Gründung eines deutschen Kolonialstaats freudig begrüßen, — wenn sie vorhanden wäre.

Nach zwei ganz entgegengesetzten Richtungen hin hat man eine solche Möglichkeit in Aussicht genommen, nach Osten und Westen. Die Besiedlung der unteren Donauländer, Ungarns, der Donaufürstenthümer und der Türkei sind der Lieblingsgedanke aller derjenigen, die in der deutschen Auswanderung nach America, insbesondere nach den Vereinigten Staaten einen reinen Verlust für Deutschland, oder gar eine bedenkliche Stärkung des demokratischen Elements in der Welt erblicken. Der Weg, den man zu diesem Zweck zunächst betreten könnte, die Hinlenkung einzelner Ansiedler nach diesen Gegenden, wie sie nach Ungarn vor Kurzem von der österreichischen Regierung von Neuem ohne Erfolg versucht worden ist, würde hier nicht zum Ziele führen. Nach den Donaufürstenthümern und der Türkei werden deutsche Auswanderer sich nicht hinlenken lassen, so lange dort eine orientalische Verwaltung und Justiz jede Sicherheit der Existenz für fremde Kolonisten ausschließt. Aber selbst, wenn diese Länder, gleich Ungarn, von Oesterreich erobert würden, selbst dann würde die politische und sociale Vorbereitung des Bodens zur Aufnahme der Kolonisten dort immer nur im Sinn österreichischer Regierungsprincipien hergestellt werden können und die Masse deutscher Auswanderer anzulocken nicht im Stande sein. Bewußt oder unbewußt bildet das Unbehagen über die politischen Zustände Deutschlands im Allgemeinen, sehr bewußt aber der Widerwille gegen büreaukratische Bevormundung und polizeiliche Gängelung, die Sehnsucht nach Ländern, wo Religions-, Militair- und Gewerbefreiheit herrscht, ein wesentliches Motiv der Auswanderung bei der Mehrzahl. Die Zustände aber, denen die deutschen Auswanderer entfliehen wollen, würden sie im Osten unter österreichischer Herrschaft nur im verdoppelten Maße wiederfinden. Jene Gegenden können möglicherweise Oesterreich und indirect Deutschland gewonnen werden: den Strom deutscher Auswanderung dorthin abzulenken wird für's Erste schwerlich gelingen.

Umgekehrt im Westen, nach dem die Auswanderung unaufhaltsam hindrängt, wo auch alle inneren Bedingungen einer Ansammlung deutscher Kolonisten in großem Umfang sich finden würden, — wenn uns nur die Mittel zur Herstellung dieser Bedingungen zu Gebote ständen! Eben an diesen Mitteln fehlt es Deutschland durchaus. — Von eigentlich deutschen Kolonien, denen eine Eroberung auf transatlantischem Boden vorangehen müßte, kann selbstverständlich keine Rede sein. Occupationen sind nicht ausführbar, weil es keine herrenlose Gebiete mehr giebt. Aber eine Beherrschung durch das Mutterland, selbst wenn sie denkbar wäre, erklärt auch Fröbel, der die Herstellung großartiger Sammelplätze für die deutsche Auswanderung nicht für unmöglich hält, mit Recht für verderblich, „weil die Abhängigkeit vom Mutterlande, so wie die unvermeidlichen Unbeholfenheiten und Mißgriffe einer unerfahrenen, in den Vorurtheilen der Volksbevormundung befangenen Kolonialverwaltung dem Erforderniß gegenüber, die Auswanderung von gewohnten Wegen abzuziehen, das Unternehmen von Anfang an zu einem todtgebornen machen würde." Was aber die Auswanderer in dem Gebiet des Plataſtromes, das südliche Brasilien eingeschlossen, oder in Centralamerica, — den Gegenden, die Kerst und Fröbel als die für gemeinsame deutsche Niederlassungen in großem Maßstab einzig geeigneten bezeichneten, — was die Auswanderer auch hier vor Allem von Deutschland erwarten müßten, wirksamen Schutz, eben diesen vermag ihnen Deutschland bis jetzt nicht zu gewähren.

Von der Verwirklichung eines so großartigen Unternehmens durch den deutschen Bund als solchen, d. h. durch sein Organ, den Bundestag, der auch für die nächstliegenden und dringendsten praktischen Interessen Deutschlands noch so wenig gethan, der die durch die Wiener Verträge garantirte freie Flußschifffahrt auch für die rein deutschen Flüsse nicht in's Werk zu setzen vermocht hat, — hiervon auch nur zu reden, ist geradezu lächerlich. Zum Ueberfluß hat gerade die Behandlung, welche die Auswanderungsfrage kürzlich durch den Bundestag erfahren, uns in der Ueberzeugung bestärken müssen, daß von dorther auch in dieser großen Angelegenheit, wenn irgend welche, nur Schritte polizeilicher Maßregelung, niemals aber eine schöpferische Thätigkeit zu erwarten ist. — Nicht besser aber steht es um die einzelnen deutschen Staaten, wenn von dem Schutze großer transatlantischer Niederlassungen die Rede ist. Wie thöricht es wäre, bei dieser Gelegenheit auch nur an

Oesterreich zu denken, zeigt ein Blick auf die Zustände dieses seit Jahren um seine Existenz ringenden Staats. Und Preußen? — Preußen hat die Anfänge, aber nur erst die dürftigsten Anfänge einer Kriegsflotte geschaffen. Der Besitz einer solchen wäre die erste, unerläßlichste Bedingung zu einem derartigen Unternehmen. Bis aber diese Flotte zu einem wirksamen Schutz des Auswanderungs- und Koloniewesens im Stande sein wird, — und dazu ist bis jetzt noch eine sehr geringe Aussicht vorhanden, — kann von weiteren transatlantischen Plänen nicht wohl die Rede sein. Es lohnt sich immerhin der Mühe, Fröbel auf die Wege einer kühn construirten Zukunftspolitik zu folgen. Aber es ist weniger das praktische Interesse an der Auswanderung als die künftige Gestaltung der politischen Weltverhältnisse, der Einfluß, den eine deutsche Auswanderung denkbarer Weise auf diese Gestaltung üben könnte, was ihn dabei beschäftigt. Hier, wo wir uns ganz auf den Boden der Thatsachen gestellt haben, verzichten wir auf eine Erörterung seiner Pläne zur Gründung einer großen deutschen Kolonie im Platagebiet unter dem Protectorat Preußens, „unter dessen Garantie mit der Regierung Brasiliens und der Plata-Staaten Verträge abzuschließen wären, deren Erfüllung nöthigenfalls erzwungen werden müßte," oder einer deutschen Kolonie in British Honduras, Yucatan und Guatemala oder Jamaica unter englisch-preußischem Schutz, — Pläne, zu deren Ausführung es einstweilen an jeder Handhabe politischer Macht auf Seiten Preußens, und greifbarer politischer Interessen auf Seiten Englands fehlt, an jedem Mittel vor Allem fehlen würde, den Auswanderern die Ueberzeugung beizubringen, daß sie sich selbst das Wohlergehn, das sie anderswo inmitten fertiger und entwickelter Verhältnisse finden, auch wenn alle Bedingungen dazu vorhanden wären, zu schaffen im Stande sein würden.

Es giebt kein Mittel die Auswanderung zu leiten, so lange es Länder giebt, in denen eine ungeleitete Auswanderung ihre Rechnung findet. Die englische Auswanderung bietet dafür ein ungemein lehrreiches Beispiel. Wir haben oben gesehen, daß Canada, wenn nicht in demselben Maße, wie die Vereinigten Staaten, doch als ein der Niederlassung europäischer Einwanderer günstiges Land betrachtet werden muß. Dem englischen Auswanderer vollends, sollte man denken, müßte die Niederlassung in einer englischen Kolonie, als ein die großartigere Entwicklung der Vereinigten Staaten überwiegender Vortheil erscheinen. Aber keineswegs. Aus den von der englischen Emigrationscommission an das Parlament erstatteten Jahresberichten ergiebt sich, daß die Engländer durchschnittlich in mehr als dreifach größerer Anzahl nach den Vereinigten Staaten auswandern, als nach den britischen Kolonien.*) Daß die Irländer sich fast ausschließlich den Vereinigten Staaten zuwenden, kann bei ihrer Antipathie gegen England nicht Wunder nehmen, daß aber die Mehrzahl der Engländer mit ihrer starken Vaterlandsliebe die Niederlassung unter dem fremden, wenn auch stammverwandten Volk, dem Aufenthalt in einer englischen, reichliche Bedingungen des Wohlergehns namentlich für Engländer darbietenden Kolonie vorziehen, ist ein schlagender Beweis dafür, daß bei dem einmal zur Auswanderung Entschlossenen die Aussicht auf das größere materielle Wohlergehn und die größere individuelle Freiheit jede andere Rücksicht überwiegen und für die Wahl des Auswanderungslandes entscheidend sind. Ganz ähnliche Erfahrungen würde jeder deutsche Staat machen, der es versuchen wollte, die deutsche Auswanderung unter noch so vortheilhaften Bedingungen nach einem bestimmten Lande zu leiten.

Noch vergeblicher freilich würde jeder Versuch sein, die Auswanderung zu hemmen. Diejenigen, die die Ausführung einer darauf abzweckenden Maßregel für möglich halten sollten, wären daran zu erinnern, daß die Auswanderung sich weder im vorigen noch in diesem Jahrhundert durch wiederholt erlassene strenge Verbote, selbst nicht durch das Reichsedict vom 7. Juli 1760, welches das Auswandern mit „Leibes- und allenfallsiger Lebensstrafe" bedrohte, hat abschrecken lassen. Jeder Versuch dieser Art wäre, weil nicht ausführbar, vergeb-

*) Beispielsweise

wanderten aus:		nach den Ver. Staaten:	nach den britischen Kolonien in Nordamerica:
Engländer	1853	26,496	4,194
Schotten	—	7,470	5,194
Engländer	1854	37,644	6,064
Schotten	—	4,888	6,706
Engländer	1855	25,278	4,533
Schotten	—	3,797	5,471
Engländer	1858	14,116	2,427
Schotten	—	3,389	1,919
Engländer	1859	13,065	524
Schotten	—	2,851	854

Fourteenth (fifteenth) general report of the Colonial Land- and Emigration-Commissioners. London 1854. 1855. Sixteenth general report of the Emigration-Commissioners 1856. Nineteenth (twentieth) general report of the Emigration-Commissioners 1859. 1860. Appendix No. 5 (in jedem der fünf Berichte).

lich; er wäre aber auch thöricht, weil man Deutschland keinen schlimmeren Dienst erweisen könnte, als wenn man die zum Fortziehn Geneigten gewaltsam zurückhielte. Alle die Vortheile, welche Deutschland aus seiner Auswanderung zieht, der nationalökonomische und sittliche Gewinn würden ihm verloren gehn. Der Verlust aber, oder vielmehr der entgehende Gewinn, den es politisch durch die Auswanderung erleidet, würde sich durch eine künstliche Abdämmung derselben in einen fressenden Schaden verwandeln, der die Säfte des Staatskörpers unheilbar vergiften müßte. Polizeiliche Maßregeln, wie sie neuerdings am Bundestag in Vorschlag gebracht sind, würden, wenn es denkbar wäre, daß sie ihren Zweck, die Auswanderung zu vermindern, erreichten, nur den Erfolg haben, die mit ihrer ökonomischen und politischen Lage Unzufriedenen zu erbittern, und auf eine gewaltsame Abhülfe der Zustände, denen sie entfliehen wollten, bedacht zu machen. Die Auswanderung regulirt sich selbst am richtigsten, sowohl ihrem Umfang, als ihren Zielen nach. Wenn jener, der Umfang, ein anormaler sein sollte, so giebt es nur ein einziges Mittel, denselben auf sein richtiges Maß zurückzuführen — eine Besserung der heimischen Zustände. Man gebe, um von umfassenderen politischen Verbesserungen abzusehen und bei dem zunächst Ausführbaren stehen zu bleiben, da, wo sie noch nicht besteht, Gewerbefreiheit und mache es dem Bauer möglich Grundeigenthümer zu werden, — und ein Land, wie Mecklenburg, das eines der stärksten Contingente zur Auswanderung stellt, weil es seinen Bauern kein anderes, als ein der Hörigkeit nahe kommendes Loos zu bieten vermag, wird finden, daß es aller seiner Anstrengungen, um dem wahrhaft bedrohlichen Abzug seiner Arbeitskräfte gewaltsam ein Ziel zu setzen, nicht mehr bedarf.

Bis zu einem gewissen Grade ohne Zweifel wird die Auswanderung auch dann, wenn die heimischen Zustände die möglichst guten wären, immer fortdauern, weil sich in ihr das ökonomische Gesetz einer Ausgleichung des Verhältnisses der vorhandenen Arbeitskräfte zu dem Bedürfniß nach ihnen in den verschiedenen Ländern der Erde vollzieht, weil ein unvertilgbarer Wandertrieb allen germanischen Nationen tief eingepflanzt ist, weil die Länder der alten Welt den Massen niemals die Fülle individueller Freiheit und die Leichtigkeit des Erwerbs, den ihnen die neue Welt entgegenbringt, werden bieten können, und weil ein welthistorischer Instinct die Massen unaufhaltsam nach Westen treibt, wo die Geschichte ihrer zu bedürfen scheint. — Das Krankhafte dieser Erscheinung aber, sofern es vorhanden ist, müssen sich die Regierungen von

Innen heraus zu heilen — oder gewähren zu lassen entschließen. Es giebt kein Drittes.

Direct endlich kann man einen wohlthätigen Einfluß auf die Auswanderung nur in einer Richtung, durch einen polizeilichen Schutz üben, der die mit der Engagirung, dem Aufbruch und der Beförderung einer Masse unerfahrner und unbeholfener Menschen verbundenen Gefahren des Betrugs nach Kräften abzuwehren bemüht ist. Einen solchen Schutz finden die deutschen Auswanderer theilweise in den deutschen Seestädten, neuerdings auch in den Hafenstädten der Vereinigten Staaten. Den deutschen Regierungen aber bleibt in dieser Sphäre eines wohlthätigen polizeilichen Schutzes noch Vieles zu thun übrig, womit sie den Auswanderern bessere Dienste leisten könnten, als mit der jahrelangen Berathung über die Ziele, nach denen sie am besten hinzulenken wären, oder über Maßregeln, die der Auswanderung ihr Ziel schon in der Heimath zu setzen bestimmt sind. Die vieler Orten ungescheut betriebenen Werbungen südamericanischer Kolonialagenten sollten strenger, als es bisher von den meisten Regierungen geschehen ist, kontrolirt und namentlich der Abschluß der mehrerwähnten Verdingungscontracte, mit denen die Auswanderer schon in Deutschland ihre Freiheit für längere Jahre verkaufen, bei strengen Strafen verboten werden. Das wäre eine wahrhaft verdienstliche Maßregel. Alles aber, wir wiederholen es, was zur Hemmung, Erschwerung oder Regelung der Auswanderung geschieht, ist vom Uebel. Deutschland muß sich, bis es einst vielleicht mehr vermögen wird, für den Verlust seiner Söhne mit den Vortheilen, die ihre Uebersiedlung nach transatlantischen Ländern mit sich bringt, vor Allem aber mit dem Gedanken trösten, daß jene verlorenen Söhne einer der höchsten Aufgaben des deutschen Geistes dienen müssen, — der Aufgabe, sich unter allen Völkern der Erde eine Stätte zu bereiten und noch im Exil zu herrschen und zu erobern. Diesem Gedanken hat erst ganz kürzlich ein Americaner, der Senator Seward, eines der hervorragendsten Mitglieder der republicanischen Parthei in den Vereinigten Staaten in einer in St. Louis gehaltenen Rede den schönsten Ausdruck in folgenden Worten gegeben, mit denen wir schließen wollen: „Man hat mir überall, wohin ich in Missouri kam, gesagt, die republicanische Parthei dieses Staates bestehe namentlich aus der deutschen Bevölkerung von Missouri. Ich freue mich, daß dies so ist. Denn wo immer die Deutschen hinkommen, da ist es ihre Aufgabe, der Freiheit eine Gasse zu brechen. Wer das Recht gegen das Unrecht vertheidigt, ist überall an seinem Platze, wo er immer geboren sei. Laßt also getrost Missouri germanisirt werden. Es war der germanische Genius, der die Magna Charta in England erobert hat, — es war die deutsche Philosophie, die, wohin immer sie gedrungen, die Herzen aller freien Männer mit Hoffnung erfüllte, — ja, es war nur der deutsche Genius, welcher überall auf dem ganzen Erdenrund zur Freiheit ermuthigt hat. Sind es darum die Deutschen, welche Missouri frei machen sollen, so laßt es immerhin die Deutschen sein!..."

Berlin, Druck von W. Pormetter, Kommandantenstr. 7.